冶金工业出版社

普通高等教育“十四五”规划教材

冶金工程伦理学

堵伟桐　郑传波　陈　卓　编著

全书数字资源

北　京
冶 金 工 业 出 版 社
2024

内 容 提 要

本书主要介绍了冶金工程实践过程中涉及的伦理问题和道德挑战。全书共分9章，包括工程伦理基本概念，冶金工程概念与发展，冶金工程的价值、利益与公正，冶金行业建设项目的风险管理与职业伦理，冶金工程的环境伦理与生态责任，冶金废弃物资源化利用工程伦理，钢铁冶金工程伦理，有色冶金工程伦理，中国冶金工程实践。

本书可作为高等院校冶金工程、材料与化工及相关专业的教材，也可供冶金工程领域从业人员参考。

图书在版编目（CIP）数据

冶金工程伦理学 / 堵伟桐，郑传波，陈卓编著 . 北京 ：冶金工业出版社，2024. 10. -- （普通高等教育“十四五”规划教材）. -- ISBN 978-7-5024-9997-6

Ⅰ. TF

中国国家版本馆 CIP 数据核字第 2024FX1760 号

冶金工程伦理学

出版发行	冶金工业出版社	**电　　话**	(010)64027926
地　　址	北京市东城区嵩祝院北巷 39 号	**邮　　编**	100009
网　　址	www. mip1953. com	**电子信箱**	service@ mip1953. com

责任编辑　王　颖　美术编辑　吕欣童　版式设计　郑小利

责任校对　葛新霞　责任印制　窦　唯

北京富资园科技发展有限公司印刷

2024 年 10 月第 1 版，2024 年 10 月第 1 次印刷

787mm×1092mm　1/16；8. 5 印张；204 千字；125 页

定价 49. 00 元

投稿电话　(010)64027932　投稿信箱　tougao@cnmip. com. cn

营销中心电话　(010)64044283

冶金工业出版社天猫旗舰店　yjgycbs. tmall. com

（本书如有印装质量问题，本社营销中心负责退换）

前　言

在科技日益发展的今天，我们正站在一个历史的十字路口：一边是无尽的科技进步带来的巨大机遇，另一边则是伦理道德的挑战和困境。冶金工程作为工业文明的重要支柱，面临同样的问题。

冶金工程中的伦理问题具有复杂性和多样性，从矿石开采到产品制造、从工艺流程到废弃物处理，每一个环节都可能产生伦理问题。例如，如何合理利用资源，减少对环境的破坏；如何保证生产过程的安全可控，防止事故的发生；如何确保产品的真实性和可靠性，维护市场的公平竞争；如何在追求经济效益和技术进步的同时，确保对环境的保护和社会责任的履行等。本书结合案例分析和理论探讨，深入讨论了冶金工程中的相关伦理问题和伦理挑战，引导冶金工程师及学子们综合考虑技术、经济、环境和社会等多个方面的因素，寻求平衡和最优解，并在追求技术进步的同时坚守伦理道德，承担起对环境、社会和人类健康的责任。

本书共分9章，第1章主要介绍了工程伦理基本概念；第2~5章详细介绍了冶金工程的基本概念以及冶金工程领域所涉及的伦理风险；第6~8章重点介绍了冶金废弃物资源化利用、钢铁冶金、有色冶金中所涉及的工程伦理问题及典型案例；第9章以中国冶金工业碳减排为背景，对冶金工程伦理学的未来发展趋势进行了展望。

本书由江苏科技大学堵伟桐、郑传波、陈卓编著，在编写过程中，课题组研究生顾珉、张嘉靖、张志远、王启航、李禧婷等同学在收集和整理文献资料方面做了大量繁杂的工作，2023级研究生“工程伦理”教学班级全体学生积极收集了相关案例资料，江苏科技大学冶金工程学院领导及教师居殿春、陈春钰、李晖等在书稿审阅阶段提供了有益的修改意见和建议，在此一并致谢！本书的出版得到了江苏科技大学教材建设项目及冶金工程学科建设经费资助，在本书出版之际表示衷心感谢。

由于编者水平所限，书中不妥之处，敬请广大读者批评指正。

编　者

2024年4月

目　　录

1　工程伦理基本概念 …… 1

课程思政 …… 1

1.1　工程与伦理 …… 2

1.1.1　工程的定义 …… 2

1.1.2　伦理的定义 …… 3

1.2　工程实践伦理 …… 4

1.2.1　工程实践中的伦理原则与规范 …… 5

1.2.2　工程实践中的伦理问题 …… 6

1.3　工程师的责任与义务 …… 7

1.3.1　职业伦理责任 …… 8

1.3.2　社会伦理责任 …… 9

1.3.3　环境伦理责任 …… 9

思考题 …… 10

参考文献 …… 11

2　冶金工程概念与发展 …… 12

课程思政 …… 12

2.1　冶金的定义 …… 13

2.2　冶金工艺的分类 …… 14

2.2.1　按金属种类分类 …… 14

2.2.2　按冶炼方法分类 …… 14

2.2.3　按加工方式分类 …… 16

2.3　冶金工艺流程 …… 16

2.4　冶金发展趋势 …… 20

思考题 …… 23

参考文献 …… 24

3　冶金工程的价值、利益与公正 …… 25

课程思政 …… 25

3.1　冶金工程的价值特点 …… 25

3. 1. 1　冶金工程的价值导向性 …… 26
3. 1. 2　冶金工程的价值多元性 …… 26
3. 1. 3　冶金工程的价值综合性 …… 30
3. 2　冶金工程服务的对象 …… 31
3. 2. 1　目标人群 …… 31
3. 2. 2　可及与普惠 …… 32
3. 3　冶金工程的利益关系 …… 33
3. 3. 1　邻避效应 …… 33
3. 3. 2　冶金工程的社会成本 …… 35
3. 3. 3　利益相关方 …… 37
3. 4　公正原则在冶金工程的实现 …… 38
3. 4. 1　基本公正原则 …… 38
3. 4. 2　利益补偿 …… 40
3. 4. 3　利益协调 …… 41
思考题 …… 42
参考文献 …… 43

4　冶金行业建设项目的风险管理与职业伦理 …… 44

课程思政 …… 44
4. 1　冶金工程建设项目风险的评估 …… 45
4. 1. 1　冶金工程行业特征 …… 45
4. 1. 2　冶金行业建设项目风险因素分析 …… 46
4. 2　冶金行业建设项目的风险防范 …… 49
4. 2. 1　针对不同时期的风险进行防范 …… 49
4. 2. 2　针对不同问题的解决方案 …… 52
4. 3　冶金工程师的伦理责任 …… 54
4. 3. 1　何谓伦理责任 …… 55
4. 3. 2　冶金工程师的伦理责任主体 …… 56
4. 4　冶金工程职业伦理 …… 57
4. 4. 1　职业伦理责任 …… 57
4. 4. 2　如何对待冶金工程职业伦理 …… 59
思考题 …… 60
参考文献 …… 61

5　冶金工程的环境伦理与生态责任 …… 62

课程思政 …… 62
5. 1　环境问题的由来 …… 63

5.2　冶金行业存在的环境问题 …… 63
5.2.1　废气排放与污染 …… 63
5.2.2　水资源消耗与污染 …… 63
5.2.3　固体废弃物处理 …… 64
5.2.4　能源消耗与碳排放 …… 64
5.2.5　噪声污染 …… 64
5.2.6　土地占用与破坏 …… 64
5.2.7　生态平衡影响 …… 64
5.3　冶金工业中生态工作的重要性 …… 64
5.4　冶金工业的环境保护措施 …… 66
5.5　可持续发展环境伦理观 …… 67
5.6　典型案例分析 …… 68
5.6.1　钢铁厂有色烟羽治理 …… 68
5.6.2　冶金企业噪声污染治理 …… 70
思考题 …… 71
参考文献 …… 72

6　冶金废弃物资源化利用工程伦理 …… 73

课程思政 …… 73
6.1　冶金废弃物问题指导 …… 74
6.2　冶金废弃物资源化利用现状 …… 74
6.2.1　固体废弃物 …… 74
6.2.2　液体废弃物 …… 77
6.2.3　气体废弃物 …… 79
6.3　冶金废弃物资源化利用面临的社会问题 …… 80
6.3.1　就业和社会经济影响 …… 80
6.3.2　社区参与和公众接受度 …… 81
6.3.3　技术创新和产业发展 …… 81
6.4　冶金废弃物资源化利用面临的工程伦理问题 …… 81
6.4.1　环境和社会影响 …… 82
6.4.2　风险管理和安全保障 …… 82
6.4.3　可持续性和社会责任 …… 82
6.5　典型案例分析 …… 83
6.5.1　固体废弃物 …… 83
6.5.2　液体废弃物 …… 84
6.5.3　气体废弃物 …… 85
思考题 …… 87

参考文献 …… 88

7 钢铁冶金工程伦理 …… 89

课程思政 …… 89
7.1 钢铁冶金的地位和特点 …… 90
7.2 我国钢铁冶金工业发展现状 …… 91
7.3 钢铁冶金面临的社会问题 …… 92
7.3.1 低碳环保问题 …… 92
7.3.2 三废治理问题 …… 92
7.3.3 能源消耗及浪费问题 …… 93
7.3.4 污染治理制度及环境保护理念问题 …… 94
7.4 钢铁冶金工程伦理 …… 95
7.4.1 安全生产伦理 …… 95
7.4.2 社会责任和可持续发展伦理 …… 95
7.5 典型案例分析 …… 96
7.5.1 安全生产伦理案例分析 …… 96
7.5.2 社会责任和可持续发展伦理案例分析 …… 97
思考题 …… 99
参考文献 …… 100

8 有色冶金工程伦理 …… 101

课程思政 …… 101
8.1 有色冶金生产及发展现状 …… 101
8.1.1 有色冶金生产现状 …… 101
8.1.2 有色冶金技术分类 …… 103
8.2 有色冶金生产面临的伦理问题 …… 105
8.2.1 环境保护层面 …… 105
8.2.2 社会层面 …… 108
8.3 有色冶金工程师的伦理责任 …… 109
8.3.1 保护公众安全 …… 109
8.3.2 保护环境可持续发展 …… 109
8.3.3 维护职业道德 …… 109
8.3.4 持续学习和提升 …… 109
思考题 …… 110
参考文献 …… 111

9 中国冶金工程实践 ······ 112
课程思政 ······ 112
9.1 我国钢铁工业发展历程 ······ 113
9.2 全球二氧化碳排放变化 ······ 115
9.3 冶金行业碳减排 ······ 118
9.3.1 “双碳”目标提出的背景与意义 ······ 118
9.3.2 钢铁工业“双碳”目标与路径 ······ 119
9.3.3 我国低碳冶金技术进展与实践 ······ 120
9.4 中国特色冶金工程伦理学发展趋势 ······ 122
9.4.1 立足传统文化，构建工程伦理 ······ 122
9.4.2 增强环保意识，重视安全生产 ······ 123
9.4.3 加强资源利用，推动技术创新 ······ 123
思考题 ······ 124
参考文献 ······ 125

1 工程伦理基本概念

课程思政

中国“超级工程”港珠澳大桥（见图1-1）已正式开通五年有余，这是我国“一国两制”框架下粤港澳地区首次共建的重大基础设施项目，是目前为止世界规模最大、难度最高的海底沉管隧道工程，其中沉管隧道的长度和质量均为世界之最（长6.7 km，标准管节重近8万吨）。虽然工程实施前已充分评估所要面对的工程风险，但由于夏季台风、雷暴雨等灾害天气频发，冬季又受季风气候影响，囿于认识的有限性，依旧无法穷尽施工现场隐性的甚至是不可预见的工程风险。而突发的工程风险往往牵涉多方利益，如若处置不当，可能会酿成大错，造成不可逆转的严重后果。所以在险象环生的施工现场，工程共同体需遵循什么样的伦理规范、秉持什么样的价值原则显得尤为重要，这将决定应对风险时做出的工程决断与工程方法。本章将引领大家深入理解工程与伦理的内在联系。

图1-1 港珠澳大桥远景图

彩图

1.1 工程与伦理

1.1.1 工程的定义

对于工程（Engineering），人们并不陌生。我国的京杭大运河、万里长城、北京故宫，埃及的金字塔，美洲的巴拿马运河，英国的巨石阵等都是古人留下的伟大工程，我国的中国天眼、载人探月、人造太阳、东数西算等国家级大工程无一不创造了现代工程高速发展的奇迹。可以说，工程自古以来就是人类以利用和改造客观世界为目标的实践活动，工程活动造就了现代文明，并深刻影响着人类社会生活的方方面面。

人们也从不同角度对工程进行了不同解释。《新牛津英语词典》定义“工程”为“一项精心计划和设计以实现一个特定目标的单独进行或联合实施的工作”。我国的《辞海》对“工程”一词定义是“将自然科学的原理应用到工农业生产部门中而形成的各学科的总称”。这些学科是应用数学、物理学、化学、生物学等基础科学的原理，结合在科学实验与生产实践中所积累的经验而发展出来的。例如，冶金工程、土木工程、水利工程、能源工程、生物工程、石油工程、核电工程以及电子通信工程等。我国科学技术领域的学者把工程定义为：把数学、物理学、化学等基础学科原理，结合科学实验与生产实践中所积累的科学技术知识和经验应用于规划、研制、加工、试验和创制人工系统的活动和结果，有时又指关于这种活动的专门学科。在工程管理领域，工程常常指“具体的基本建设项目”，如三峡工程、南京长江大桥等。这样看来，工程一般是指科学知识和实践经验的实际应用，是利用自然科学原理使自然资源为人类服务而形成的各种专业和学科的总称，也是人类将基础科学的知识和研究成果应用于自然资源的开发、利用，创造出具有使用价值的人工产品，一般包括几个层次的内涵[1]。

(1) 技术应用层次。工程是自然科学原理的实际应用，通过技术手段将自然资源转化为对人类有用的产品或服务。这一层次强调工程作为联结科学理论与实际应用之间的桥梁，将理论知识转化为实际生产力。

(2) 专业与学科层次。工程涵盖了多个专业和学科，如土木工程、机械工程、电气工程、化学工程以及冶金工程专业和学科等。每个专业和学科都有其独特的知识体系和技术标准，共同构成了工程领域的广泛范畴。

(3) 产品开发层次。工程涉及将基础科学知识和研究成果应用于自然资源的开发和利用，创造出具有使用价值的人工产品。这些产品可以是钢铁材料、建筑物、交通工具、电子设备、化工产品等，旨在满足人类社会的各种需求。

(4) 系统集成层次。工程不仅关注单个产品或技术的开发，还注重多个系统或技术的集成和优化。在工程项目中，需要将不同的技术、材料和设备进行整合，形成一个协调一致、高效运行的整体系统。

(5) 社会与环境层次。工程活动不仅涉及技术和经济问题，还与社会和环境密切相关。工程项目需要考虑社会需求、环境影响、可持续发展等因素，确保工程活动与社会和环境相协调。

在现代社会中，工程概念的应用更加广泛，也形成了狭义的工程概念和广义的工程概念。广义的工程概念认为，工程是由一群人为达到某种目的，在一个较长时间周期内进行协作活动的过程，如“希望工程”；而狭义的工程概念则认为，工程是以满足人类需求的目标为指向，应用各种相关的知识和技术手段，调动多种自然与社会资源，通过一群人的相互协作，将某些现有实体（自然的或人造的）汇聚并建造为具有预期使用价值的人造产品的过程[2]，如“化学工程”“三峡工程”“载人航天工程”等。工程伦理所讨论的“工程”主要指狭义的工程概念，并且往往具有如下属性。

（1）工程的社会性。工程的目标是服务于人类，并为社会创造价值和财富。工程的产物要满足社会的需要，工程活动的过程受社会政治、经济、文化制约，其社会属性贯穿工程的始终。

（2）工程的创造性。工程的创造性是工程与生俱来的本质属性。在工程活动中，科学和技术综合并应用于生产实践中，从而创造出社会效益和经济效益。

（3）工程的综合性。工程的综合性：一方面表现在工程实践过程中所使用的学科和专业知识是综合的，必须综合应用科学和技术的各种知识，才能保证工程产出的质量和效率；另一方面也表现在工程项目实施过程中，除技术因素外，还应综合考虑经济、法律、人文等因素，只有这样才能保证工程能够获得最佳的社会效益和经济效益。

（4）工程的科学性与经验性。遵循科学规律是保证工程顺利实施的重要前提，同时为使工程能够达到预期效果，要求工程的设计和实施人员必须具备较为丰富的相关领域的实践经验。

（5）工程的伦理约束性。工程的最终目的是造福人类，因此，为了确保工程的力量用于造福人类而不是摧毁人类，工程在应用过程中必须受到道德的监视和约束。尽管工程对人类作出了巨大贡献，然而，若缺乏道德的规范与引导，其也有可能对人类社会生活产生深远的破坏，甚至带来灾难性的后果。

1.1.2 伦理的定义

伦理一词在中国最早见于《乐纪》：“乐者，通伦理者也”，意思是音乐与事物的伦理是相通的。美国《韦氏大辞典》对于伦理的定义是：一门探讨什么是好什么是坏，以及讨论道德、责任与义务的学科。英文中 ethics 一词既是单数名词，又是复数名词，起源于荷马史诗《伊利亚特》中出现的希腊文 ethos 一词，原意为一群人所共居的地方。公元 4 世纪前亚里士多德（Aristotle，公元前 384—前 322 年）将该词的意义加以扩大和改造，构建了一个形容词 ethicos（伦理的），意思是判断个人或群体的行为是否是正当的道德标准，由此又构建出一门新的科学 ethika，即伦理学。

在哲学领域，伦理学是对各种是非标准之体系的研究，用来检验动机是否正确，判断是否公平以及行为的后果如何。作为一种有关人类关系的自然法则，伦理包括人与人之间和人与自然之间的行为规范，是社会正常运行的基本法则。这个概念也是与道德及法律的绝对分界线。道德是人类对于人类关系和行为的柔性规定，这种柔性规定以伦理为大致范本，但又不同于伦理这种自然法则，甚至经常与伦理相悖。二者的区别见表 1-1。

表 1-1 伦理与道德的区别

类别	本质	评价尺度	具体表现	本义	英文
伦理	外在规则	应当/不应当	社会规范/习俗	人际相处规则	ethics
道德	内在心理	善/恶	个人品质/行为	个人内在境界差异	morality

“伦理”二字与“道德”二字一起出现的次数比较多。关于“道德”，老子《道德经》中开篇第一句话就是：“道可道，非常道。”即“道”并非指的是一条具体的道路，而是一个抽象出来的概念，比如几何学上的“点、线、面”的概念，物理学上的“质点”的概念。“道德”即指走路的德行，类似于约定俗成的交通秩序，引申为人在社会上为人处世的规则。而伦理与道德在内涵上是有一些共通之处的[3]。伦：次序之谓也，“伦理”似乎便是指长幼尊卑的道理，比如传统儒家祭祀的对象“天地君亲师”，是传统敬天法祖、孝亲顺长、忠君爱国、尊师重教的价值观念取向。

伦理与道德都在一定程度上起到了调节社会成员间相互关系的规则的作用。规则是为现实存在不被破坏而服务的，它本身并不倡导创新，甚至在一定程度上束缚了创新，而规则与创新的矛盾无一不是以创新的成功和规则被打破之后形成新的规则而结束的。尽管伦理与道德在定义和侧重点上均有所不同，但它们之间又存在紧密的联系，伦理研究的是人类行为的价值和意义，而道德则是规范人类行为的原则。伦理所研究的价值和意义是道德所规范的行为的基础，而道德的规范则是基于伦理价值的支持和指导。也就是说，伦理提供了道德行为的理由和依据，而道德则将这些理由和依据转化为具体的行为规范。而法律则是人类对于人类关系和行为的刚性规定，这种刚性规定是以法理为基础原则的，法理与伦理的关系则比道德与伦理的关系更远，也因此人们对于法理的争议更大，法理层面上长期自然法则与短期自然法则间的冲突显得尤为尖锐。

因此，伦理是作为科学的部分具象化表达。从这个意义上来说，伦理必然与工程有着一定的关联，因为工程是将科学造福于人类社会的实践活动。在长期的实践过程中，伦理与工程的关联也被广泛认知，离开了伦理的工程很可能为人类社会带来负面效应。

1.2 工程实践伦理

工程伦理是指在工程活动中，人、机、物及其与人、物之间相互作用所应遵循的道德原则和行为规范，是从事工程活动者所应遵循的道德原则和行为规范。所谓人就是指在现场的所有人员，包括主管、生产员工、搬运工等一切存在的人；机就是指生产中所有的设备、工具等辅助生产用具；物就是指物料、半成品、配件、原料等产品用料。工程活动是由人来进行的，因此，其根本目的就是为人类服务[4]。

1.2.1 工程实践中的伦理原则与规范

工程实践中常有伦理问题伴随，这就需要伦理规范来约束，主要是指工程师在进行工程设计时，可能会面临一些伦理道德选择，其受到自己的道德伦理素养的支配，会根据伦理道德标准，进行主观地选择善与恶的一种行动。国外工程伦理学科的相关理论研究表明，工程实践中伦理道德的规范需遵循以下原则：坚持人道主义的原则、保护生态环境的原则、社会公正的原则以及优先公共利益的原则[5]。

美国工程师教育学会（American Society for Engineering Education，ASEE）所制定的原则包括以下几个方面：首先，构建工程的第一要责就是安全，并将此作为所有工程师执行活动的首要原则，工程师在进行自己专业工作时，要视自己为雇主的信托人，应该具备一定的忠诚性；其次，工程师要正确认识自己的能力，在自己本身能力能够胜任的范围内从事工作任务；再次，工程师在公共场所表达自己的意见以及看法的时候，应该保持相对客观以及真诚的态度；最后，工程师之间存在一定的竞争关系，当其在争取自己专职任务的时候，必须表里如一，不能有丝毫隐瞒。

中国台湾的“中国工程协会”对于工程师的伦理以及行为问题等也提出了四大信条，即《中国工程师信条》（1996 年修订，并在中国台湾地区沿用至今），包含四则八条，依次概括出工程师对社会、对专业、对雇主以及对同僚的责任，其内容如下。

（1）工程师对社会的责任。

守法奉献，恪守法令规章、保障公共安全、增进民众福祉。

尊重自然，维护生态平衡、珍惜天然资源、保存文化资产。

（2）工程师对专业的责任。

敬业守分，发挥专业技能、严守职业本分、做好工程实务。

创新精进，吸收科技新知、致力求精求进、提升产品品质。

（3）工程师对雇主的责任。

真诚服务，竭尽才能智慧、提供最佳服务、达成工作目标。

互信互利，建立相互信任、营造双赢共识、创造工程佳绩。

（4）工程师对同僚的责任。

分工合作，贯彻专长分工、注重协调合作、增进作业效率。

承先启后，矢志自励互勉、传承技术经验、培养后进人才。

我国学者大多通过“公平、责任、安全、风险”这八字方针作为工程师最主要的伦理道德规范。不过，由于工程活动主体的工程行为受内外因素的影响和制约，在相当多的工程实践中，这些“设计规范”通常难以全面落实。特别是随着社会文明的演进和工程技术的发展，已有的“设计规范”显现出越来越多的局限性。这一方面表现在工程设计伦理规范本身比较模糊，难以提供具体的指导，另一方面表现在工程伦理规范被工程设计者突破或越位[5]。

传统工程伦理理论在现实工程实践中难以给予实质性的指导，更多情况是浮于表面的工具性手段。一方面，工程伦理规范强调普遍性和不偏不倚性，这意味着工程伦理的主要目标是用一个道德标准来要求和权衡某个短期的工程行动，当现实中道德标准和利益发生冲突时，还要看道德伦理是否被每一个人认同和接受。长时间下来，人们找到了能帮助实现工程目标的道德伦理标准，并认为只要遵守了任何一条工程伦理规范就是实践了工程伦理。现实中伦理对人类工程实践的反思被简化为一些静默的教条，简单地说，工程伦理指导工程建设“应该如何在工程实践中以道德伦理维护公众利益”的价值观化为“道德和利益冲突时应该如何抉择”。另一方面，现代工程越来越复杂，需要更多的人和团队参与配合，这种情况下传统理论逐渐倾向于强调工程伦理规范的普适性和重要性，认为只要不违背最基本的道德伦理，就真的在工程活动中完成了工程伦理的最高目标。

人们遵守的道德伦理标准由所在的文明和文化体系决定，各个民族和国家的经历和文化发展有差异，道德伦理标准亦有很大不同，不会有所有人都认同和遵守的伦理道德标准。建设中出现“超出普通伦理道德范围的”情形时，人们往往只能找到伦理行为的有限范围（如某个国家、民族、文明），在这个范围内做选择，通过道德慎思为自己的伦理行为划分优先，做出相对最合适的决定和行为。

1.2.2 工程实践中的伦理问题

近年来，工程事故频繁发生，许多工程技术例如转基因技术和胚胎技术、P-Xylene 项目、ChatGPT 等人工智能技术已经产生越来越多的伦理争议，科学技术发展不确定性的固有属性使得未来将出现更多挑战性的伦理问题[6]。如果目前的发展思维一味强调创新，缺乏对工程伦理问题的相应关注，未来可能带来不可控的、不可扭转的伦理风险。由于工程自身技术的复杂性和社会关联性，工程伦理早已不再是工程内部的问题，而是关乎整个人类社会的生存与发展。面对工程的伦理问题，政府和公众都主张加强对工程活动的监督管理，加快工程规章制度和相关法律制度的建设，然而这些措施主要提供外在的约束力，如果工程技术人员缺乏责任感和工程伦理意识，这些措施只能治标不治本。工程伦理问题的出现往往是由于伦理意识缺失、对工程活动后果估计不足、工程各方利益冲突、自然社会责任意识淡薄等方面的因素造成的，这些都源于工程实践的主体。

工程实践中涉及的伦理问题是一个复杂而关键的领域。伦理问题涵盖了多个方面，包括对环境、社会和个体的责任。以下是工程实践中常见的一些伦理问题。

（1）环境影响与可持续性：在设计和实施工程项目时，工程师需要考虑其对环境的潜在影响。伦理问题可能涉及资源的过度利用、能源的浪费以及对生态系统的破坏，解决这一问题的方法包括采用可持续性原则、使用环保技术和材料，以及进行全面的环境影响评估。

（2）社会责任：工程项目对社会的影响不仅仅是技术层面，还包括社会公平、公正和公益。伦理问题可能涉及社区的被动承担、弱势群体的权益以及文化遗产的保护。在处理社会责任问题时，工程师需要进行广泛的社会参与，尊重当地文化和传统，确保项目符合社会价值观。

（3）安全与风险管理：工程实践中的伦理问题还包括对人们生命安全和财产安全的责任。工程师需要进行全面的风险评估，采取措施最大限度地减少可能的危险。伦理层面的问题可能涉及项目的隐患是否得到充分披露，以及如何在风险与效益之间取得平衡。

（4）知识产权：在工程实践中，伦理问题也包括对知识产权的尊重和保护。工程师应当遵守法律，尊重他人的专利、商标和版权，同时保护自己的创新成果。不正当的知识产权行为可能导致不公平竞争和创新受阻。

（5）职业道德：工程师必须遵循职业道德规范，保持高尚的职业操守。伦理问题可能涉及行为的诚实性、透明度和专业的独立性。工程师应当拒绝参与可能导致冲突利益的行为，始终为客户和社会的最大利益着想。

（6）人工智能与隐私：随着人工智能的发展，伦理问题还涉及数据隐私和算法的公正性。工程师需要确保他们设计的系统尊重用户的隐私权，避免歧视性算法的使用，并保持透明度以解释系统的决策过程。

在处理伦理问题时，工程师应当始终以公共利益和社会责任为导向，通过综合考虑各方利益来制定决策，以确保工程实践的可持续性和社会正义，处理工程实践中伦理问题的基本思路如图 1-2 所示。

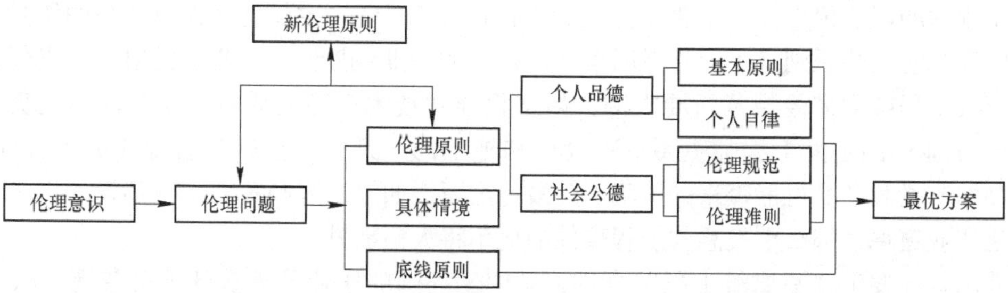

图 1-2　处理工程实践中伦理问题的基本思路

1.3　工程师的责任与义务

工程师需跟进整个工程项目，参与工程方案的执行、监督、验收等具体工作，因此工程师在工程建设中有着重要地位。基于此，工业发达的资本主义国家，在很早以前就已对工程师的伦理责任做出了明确的规定，并且随着科技的进步和不同时期对工程的社会需求，工程师在历史发展的各个阶段被赋予了不同的伦理责任[7]。

早期的工程主要是指军事工程，工程师的责任是对雇主负责。此后，随着第二次工业革命的进行和第一次世界大战的爆发，技术对于社会发展的作用日益彰显。此时工程师转向对技术的深层研究，以技术强国为己任，“技术统治论”开始在工程领域占据主流。第二次世界大战以后，由于科学技术的发展对人类的生命与安全构成了巨大威胁，工程的负面效应逐渐凸现，因此工程师群体开始把维护公众利益纳入伦理责任核心当中。美国国家职业工程师协会（National Society of Professional Engineers，NSPE）在其伦理章程中规定："工程师应该将公众的安全、健康和福祉放在首位。"[8] 随后，由于工程对生态的破坏日益严重，工程师则被要求对生态环境负责。延展到今日，工程师行业包括中国工程业界仍然把对雇主忠诚和关怀公众的安全、健康和福祉以及保护生态环境默认为工程师的伦理责任。

近年来中国经济获得飞速发展，与此同时中国的工程建设也蒸蒸日上。然而与此同时伴随的是工程问题的层出不穷，对此工程师作为工程项目的设计、实施和监督人员有着无可逃避的责任。工程安全得不到保障，工程完成后客户在使用过程中出现了问题无人承担责任，工程带来的环境污染日益严重，这些问题出现的重要原因之一就是部分工程师伦理责任意识匮乏，不能勇敢承担起应负的伦理责任[7]。

2004 年在上海召开的第二届世界工程师大会（WEC2004）通过的"上海宣言"呼吁，工程师应担负起使人类生活更美好的重任；工程师应同公众、企业、非政府及政府间组织一起，全身心地投入创建新世界的事业中去，通过运用知识将资源转化成产品和服务；工程师应保持环境与生态系统平衡，确保资源和能源的可持续利用，以促进可持续发展。

1.3.1 职业伦理责任

工程师的职业伦理责任主要指代基本的职业义务责任，主要包括保障产品的质量和安全，坚守职业道德原则，不因外界因素干扰自身的专业判断。"职业责任或内部责任，即科学家或工程师的道德规范所要求的，如工程师对技术产品的质量、安全性等应负的责任。"[9] 工业产品是由工程师主要负责设计和施工的，只有工程师具备专业的工程知识，对产品的质量和产品可能带来的风险了解最为全面，如果工程师疏忽工程建设的细小环节或缺乏职业道德，那么引发恶劣工程事件的概率将大幅提升。

我国曾经发生"豆腐渣工程"事件，其中工程师的职业伦理责任不可忽视。以 2009 年引发公众热议的上海楼盘倒塌事件为例，这一年上海闵行区"莲花河畔景苑"中一幢在建的 13 层住宅楼全盘倒塌，给施工工人和附近居民造成了极大恐慌。楼房连根拔起、整体坍塌是极为罕见的事例，在进行相关调查后，专家组的意见倾向于楼盘周围过高堆积土方，而坊间和某些专家猜测楼房坍塌还有可能是地基不牢所致。

分析此次事故的原因可以到工程的相关责任主体，其中工程师首先负有重要责任。工程师是楼盘的设计者和建设过程中的监督者，在设计楼盘时应当精算设计挡土墙和防汛墙，施工时要了解相应区域的荷载重量，监督施工工人不能超过其地面承重，很明显此次事件的相关工程师并未履行相应职责。此外，地基不牢与劣等建筑材料的使用和建筑设计的偷工减料也有关。工程师未按照工程操作规范施工，以次充好，忽视工程产品的质量，在工程建设中未能秉持负责任的职业态度对各个环节严格验收，使得楼房还未完全建成就已倒塌。此种存在巨大安全隐患的楼房假如不幸被公众使用，后果将不堪设想。

诸如此例，因工程师违背个人伦理而引发工程事故的现象已屡见不鲜，工程师为了社会效益、雇主利益而舍弃工程质量，发现风险不做规避，明知雇主为了利益而隐瞒风险却不去揭发，或者在工程中发现了问题却不向相关各方反映。某些工程师甚至贪污受贿，参与投资方、承包商、政府等工程主体的权钱交易之中，只为满足自己和贿赂方的私人利益，比如放弃对优质材料的引进而专门购买“熟人”的劣质工程材料，参与工程领域的寻租活动等。因此，“豆腐渣工程”的频频出现与工程师个人伦理责任意识的薄弱密切相关，工程师的个人伦理责任是工程界以及整个社会必须密切关注的问题。

1.3.2 社会伦理责任

随着当今社会我国经济的不断繁荣，工程项目也大量增多，这在很大程度上改善了人们的生活，为人们带来了更多便利。工程产品的质量高低直接关系到社会公众的利益，工程师不论从职责还是从道义上来讲都应积极承担起其对公众的社会责任。工程师的社会责任应围绕“必须致力于保护公众的健康、安全和福利”[10]这一宗旨展开，工程师不仅应该对工程的建设过程负责，也应当对工程产生的社会后果和负面效应负责。其一，工程师作为专业知识技能的掌握者有责任去规避可能给公众造成损失的一切风险，全面做好预先防范的工作。其二，工程师应遵循“知情同意”原则，把工程存在的可预见风险或潜在风险充分告知群众，使群众参与到工程活动的建议和决策当中，使公众主动认知风险而非被动接受风险。然而目前一些工程师为了省时和节约成本，对潜在风险不予重视，或者未能从人文关怀的角度去全面考虑产品受众的切身利益，也存在某些为公司利益而故意隐瞒风险、阻挡消息向公众扩散的现象。还有一些工程师认为公众缺乏专业判断而不屑于把工程活动的情况告知群众，缺少与公众的交流沟通与意见交换。

2019 年 10 月 10 日，江苏省无锡市发生了高架桥侧翻事故，致使多人伤亡。探其桥梁坍塌原因：一方面，大货车严重超载负有主要责任，另一方面，桥梁本身的设计也存在问题。此次侧翻的高架桥为独柱墩桥梁，现场接受采访的桥梁专家表示，独柱墩桥梁的优点是建造成本低，缺点是结构受力不合理。设计独柱墩的目的是充分利用地面空间，减少征地，降低成本。但是独柱墩一旦遇到严重超重，钢铁则容易遭到破坏，桥梁则容易倾覆。如果从设计角度考虑，此次事件中的工程师负重要责任。建造设计此桥的工程师为了节约成本使用独柱墩设计，使桥梁的耐受力符合基本限重规范而未深层考虑车辆超载问题，没有给桥梁承重留下足够的空间和富余度。如果此次桥梁设计的工程师更多考虑到公众的生命和安全，优化设计，提高桥梁安全指数，就可以避免此类事件的发生。此案例带给我们的启示是工程师应当树立前瞻意识，在符合规范之余超越规范，把足够安全当作首要标准，并树立终身责任观念，为工程在后续使用中出现的问题负责。譬如此类的诸多工程事故表明我国部分工程师缺乏社会伦理责任感和人道主义精神，仍然拘泥于狭隘的利益层面和技术层面，没有真正地把公众的安全和福利内化于心。

1.3.3 环境伦理责任

美国土木工程师协会（American Society of Civil Engineers，ASCE）在其伦理准则中明确增加了关于环境的规定：“工程师应该把公众的安全、健康和福利放在首要位置，并在履行他们的职责时，努力遵守可持续发展原则。”[9]近年来因工程带来的环境污染问题日益严重，为防止生态继续遭到破坏，作为工程共同体之一的工程师有责任运用专业技术来减少工程污染，维持人类的可持续发展。工程共同体中，由于工程师具备相应的工程专业知识，所以他们最有可能知晓工程对生态环境产生的影响，也更有能力从技术层面去规避和解决这种影响。因此，工程造成什么样的环境影响，以及怎样解决工程的环境问题，或者怎样运用环境工程解决相应的环境问题，都会与工程师具体的工程实践紧密相关[10]。我国工程师应当树立工程环保观，在工程设计上研发环保技术，避免开发过度导致自然资源的浪费。在工程实施中要把环保计入考察数据，在工程收尾阶段系统检验工程产品的环境安全指数。工程师应当力争建设生态工程，在创造经济效益的同时不忘给后代人留下绿水青山[11]。

总体而言，工程不仅仅是技术的集结，更承载着社会的期待与道德的约束，在追求技术进步的同时，我们不能忘记工程实践对社会、环境和人类福祉的影响[12]。现代社会的发展对工程师提出了更高层次的要求，即“做好的过程”，好的工程的标准是除了高质量、低风险外还包括关心生态环境和大众福祉[13]。因此应当通过加强工程师伦理责任教育、制定工程师职业伦理章程规范和完善监督机制等多种方式来培养工程师的伦理责任，使新时代中国工程师建立起符合时代发展要求的职业伦理观，积极承担伦理责任，建造出更多造福大众的“卓越工程”[14]。

思考题

1-1 什么是工程伦理，它为什么重要？

1-2 简述工程与伦理之间的关系。

1-3 工程实践中的伦理原则有哪些？请举例说明。

1-4 工程师在职业活动中应承担哪些伦理责任？

1-5 如何理解工程师的环境伦理责任？

参考文献

[1] 林健．如何理解和解决复杂工程问题——基于《华盛顿协议》的界定和要求［J］．高等工程教育研究，2016（5）：17-26，38．

[2] 李正风，丛杭青，王前．工程伦理［M］．北京：清华大学出版社，2016：5-34．

[3] 肖凤翔，王珩安．斯坦福大学工程伦理教育的经验与启示［J］．高教探索，2021（9）：75-80．

[4] 毛倩瑾，崔素萍，孙诗兵，等．材料类本科专业工程伦理教育体系的阶梯式设计与实践［J］．教育教学论坛，2020（49）：137-139．

[5] 韩超．工程设计中的伦理问题及对策研究［D］．长沙：长沙理工大学，2021．

[6] 林健，衣芳青．面向未来的工程伦理教育［J］．高等工程教育研究，2021，69（5）：1-11．

[7] 杜然珂．当代我国工程师的伦理责任问题研究［J］．科技和产业，2020，20（12）：214-218．

[8] 哈里斯，普里查德，雷宾斯．工程伦理：概念与案例［M］．丛杭青，等译．杭州：浙江大学出版社，2018：289．

[9] 王进．从伦理行为构成视角谈工程师的实践智慧内涵［J］．自然辩证法研究，2010，26（12）：42-47．

[10] 马丁，辛津格．工程伦理学［M］．李世新，译．北京：首都师范大学出版社，2010．

[11] 肖显静．论工程共同体的环境伦理责任［J］．伦理学研究，2009（6）：65-70．

[12] 王前，于雪．从体验到领悟：科技伦理教育的价值目标与实现路径［J］．自然辩证法研究，2024，40（3）：125-131．

[13] 周恩泽，丛杭青．中国工程伦理规范的现状分析——基于 37 部规范的考察［J］．科学技术哲学研究，2023，40（6）：91-98．

[14] 周恩泽，丛杭青．新时代中国工程伦理规范的文化逻辑［J］．浙江工业大学学报（社会科学版），2023，22（4）：377-383．

2　冶金工程概念与发展

课程思政

从石器时代到随后的青铜器时代，再到近代钢铁冶炼的大规模发展，人类发展的历史融合了冶金的发展历史。冶金行业作为国民经济的支柱产业，为机械、能源、化工、交通、建筑、航空航天、国防军工等各行各业提供所需的材料产品。中国作为世界第一冶金产业大国，当前钢产量、常用的有色金属产量都接近全球产量的一半。为改善冶金产业产能过剩，逐步实现冶金工业可持续发展，国家从政策等方面推进冶金行业转型升级。根据国家提出的“3060”重大决策以及碳排放从相对约束到绝对约束的新要求，在“十四五”发展新形势下，我国冶金行业仍将以深化供给侧结构性改革为主线，以超低排放改造工作为重点工作，坚定不移，走高质量发展之路推动新的技术进步，构建繁荣的生态圈。新一代信息技术也将继续推动冶金各领域数字化、网络化、智能化转型，以5G、工业互联网为代表的新型基础设施，加速向冶金行业渗透和赋能。

首钢京唐低碳排放汽车用钢生产车间远景图如图2-1所示。

图2-1　首钢京唐低碳排放汽车用钢生产车间远景图

彩图

2.1 冶金的定义

人类社会的发展史，可以说是一部冶金技术的进步史。从石器时代的原始工具，到青铜时代的青铜器，再到铁器时代的铁器，每一次冶金技术的重大突破都标志着人类社会生产力的飞跃。冶金技术的发展不仅推动了人类社会的进步，也塑造了人类文明的多样性和丰富性。早期人类使用的工具主要来源于自然界，如石头、木材等。然而，随着对材料性能的探索，人们逐渐掌握了冶金技术。青铜的发明和应用是早期冶金技术的重要成果，它极大地提高了生产效率，促进了人类社会的分工和专业化，推动了文明的起源和发展。青铜器的出现，使人类社会开始进入青铜时代，这是人类历史上一个重要的转折点。与青铜相比，铁的出现是冶金技术史上的又一次重大突破。铁具有更高的强度和更好的韧性，且成本更低，因此迅速成为人类社会的重要生产资料。铁器时代的到来，推动了农业生产、建筑、交通等领域的深刻变革。铁器的普及也促进了社会结构的变革，加强了国家政权，维护了社会秩序。在铁器时代，人类社会的生产力得到了极大的提升，社会文明也取得了长足的进步。进入近现代以来，冶金技术取得了更加显著的发展。钢铁冶炼技术的进步使得钢铁产量大幅提升，为工业革命的兴起提供了物质基础。同时，随着科学技术的进步，新型合金材料的出现为航空航天、电子信息等领域的发展提供了有力支持。近现代冶金技术的发展推动了人类社会的现代化进程，使得社会生产力得到极大提升，人们的生活水平也不断提高。在这个过程中，冶金技术不断创新，为人类社会的进步提供了源源不断的动力。

冶金是指从矿物中提取金属或金属化合物，用各种加工方法将金属制成具有一定性能的金属材料的过程和工艺，可细分为黑色冶金工业、有色冶金工业、稀有金属冶金工业以及粉末冶金工业四大主要工业分支。其核心技术涵盖了火法冶金、湿法冶金以及电冶金等多元化方法。这些技术的运用不仅体现了冶金学的深度与广度，更是推动工业发展的重要驱动力。在古老的冶金工艺中，火法冶金一直扮演着至关重要的角色。熔炼、煅烧、焙烧等传统技艺，孕育了无数精湛的铁匠和铸造工匠。湿法冶金是利用浸出剂将矿石、精矿及其他物料中有价金属组分溶解在溶液中或以新的固相析出，进行金属分离、富集和提取的科学技术。而随着科技的进步，电冶金等现代技术日益成熟，金属在电场的引导下完成了从矿石到精炼金属的华美蜕变。这种高效、环保的电冶金工艺，为冶金工业注入了新的活力与生机。

在当今科技迅猛发展的时代背景下，冶金工艺正以前所未有的速度推进着革新与进步。新型材料的不断涌现，为冶金工程师们打开了突破传统工艺边界的新篇章。纳米技术的引入，使我们能够精确调控材料的微观结构，从而赋予其独特的性能特性；人工智能的广泛应用，推动了冶金工业的智能化制造新趋势；自动化生产线的普及，显著提升了生产效率，并实现了对生产过程的精确控制。在环保领域，绿色冶金已成为行业发展的重要方向，未来要实现冶金工业的可持续发展，低碳绿色将是重要发展主题之一[1]，众多环保型冶金工艺的涌现，有效降低了生产过程中的环境污染，推动了冶金工业的可持续发展。当今冶金技术正面临着新的挑战和机遇，其发展前景仍广阔且充满活力。

2.2　冶金工艺的分类

2.2.1　按金属种类分类

冶金主要针对各种金属进行加工和处理，因此，按照金属种类分类是一种常见的分类方式。主要可以分为以下两类。

（1）黑色金属：包括铁、锰、铬及其合金，如钢铁、铸铁等。铁是地球上最常见的金属之一，其在建筑、制造业、交通运输等领域发挥着重要作用。与铁相比，锰的含量较少，但它对钢铁的强度和硬度有显著影响，因此在合金中起着关键作用。铬是一种重要的合金元素，可以提高金属的耐腐蚀性和耐磨性，因此常用于不锈钢的制造。除了这些常见的黑色金属之外，还有许多其他合金和材料，它们在各个领域都发挥着重要作用，推动着现代工业的发展。

（2）有色金属：指除黑色金属以外的所有金属，包括铜、铝、镁、锌、锡等及其合金。这些金属在现代工业中扮演着重要的角色，广泛应用于制造业、建筑业、电子工业等领域。铜是一种常见的有色金属，具有良好的导电性和导热性，在电力工业和电子产品中被广泛使用。铝是另一种重要的有色金属，其轻量化和耐腐蚀性使其成为汽车制造和航空航天领域的首选材料之一。除此之外，镁、锌、锡等有色金属及其合金也在各种领域中发挥着重要作用，为现代工业的发展提供了坚实的支撑。

2.2.2　按冶炼方法分类

按照冶炼方法的不同，可以分为以下几类。

（1）火法冶金：一种在高温条件下进行的冶金方法，通过一系列的物理化学变化过程，使矿石或精矿发生一系列的物理化学变化（包括矿物的分解、金属的还原、杂质的去除等），并通过控制反应条件和处理原料，将其中的金属与脉石或其他杂质分离，从而实现金属的高效提取和精炼。

火法冶金主要利用燃料燃烧或电能产生的热量，以及某种化学反应所放出的热量，来维持所需的高温环境。该冶炼方法已在多个领域得到了广泛应用，包括铁冶炼、铜冶炼、锌冶炼、铅冶炼等。

火法冶金工艺流程一般可以分为矿石准备、冶炼和精炼三个主要步骤。矿石准备是对矿石进行破碎、筛分和混合等处理，以便后续的冶炼过程，对于某些矿石，还需要进行烧结或球团等预处理，以提高其冶金性能。冶炼是火法冶金的核心步骤，主要是在高温下将金属从其化合物中还原出来。根据矿石的性质和冶炼目的的不同，冶炼过程可以分为还原冶炼、氧化吹炼和造锍熔炼等类型。其中，还原冶炼主要用于提取铁、铜等金属，氧化吹炼则主要用于炼钢过程中脱除杂质，而造锍熔炼则主要用于处理硫化矿。精炼是进一步提高金属纯度的过程，通常包括氧化精炼、电解精炼等方法，以去除金属中的杂质和有害元素，得到高纯度的金属产品。

在现代工业中，火法冶金技术的发展不仅提高了金属冶炼的效率，同时也降低了能耗，减少了环境污染。通过不断创新和技术进步，火法冶金在金属制备过程中仍然扮演着重要的角色，为各个行业提供了可靠的金属材料基础。

（2）湿法冶金：主要利用化学反应进行金属提取和分离，如铜的电解精炼等。它主要利用特定的化学试剂与矿石中的金属反应，将金属从其化合物中还原出来，或者将金属化合物转化为更易提取的形式。以下是一些具体的湿法冶金过程。

1）铜的电解精炼：这是一个将粗铜转化为纯铜的过程。首先，粗铜被溶解在硫酸中，形成硫酸铜溶液。然后，通过电解该溶液，在阴极上铜离子被还原为金属铜，而阳极上则是溶解的杂质被氧化。湿法冶金在近些年取得了快速的发展。在过去，人们多在处理氧化铜矿和低品位铜矿时，才会使用湿法炼铜，经过这些年不断的发展，堆浸技术以及加压技术等不断发展，人们开始打破这种局限性，这使得湿法炼铜的生产范围不断扩大，应用范畴也不停地扩大，其方法与技术越来越娴熟。我国的湿法炼铜技术工艺已经获得了巨大发展。

2）锌的湿法冶炼：通过将锌矿石与酸反应，产生硫酸锌溶液。然后，通过电解该溶液，在阴极上，锌离子被还原为金属锌，而阳极上则是溶解的杂质被氧化。

3）钨的提取：钨矿石（白钨矿）可以通过酸分解转化为可溶性的钨酸盐。然后，这些钨酸盐可以通过复分解反应生成钨酸，再经过一系列处理还原为钨粉。

4）稀土元素的提取：通过将稀土元素从其矿石中提取出来，然后通过化学方法将其分离成单一元素或合金。例如，离子交换法和溶剂萃取法可以用于分离和纯化稀土元素。湿法冶金对于从低品位矿石中提取金属特别有效，但该过程通常需要大量的化学品和能源，并可能产生大量废物。因此，湿法冶金的环境影响是该领域研究的重要部分。

5）二次资源中有价金属湿法回收利用。随着金属矿产资源需求的快速增加，且当前的高品位一次金属矿产日益枯竭。一方面，在金属资源采、选、冶与产品利用过程，将产生大量种类繁多的复杂金属废弃物，处理不当极易造成严重的环境污染。另一方面，典型金属废弃物（如电镀污泥、阳极泥、有色冶金渣、电子废弃物、废旧锂离子电池等）往往富含金、银、镍、钼、钴、铜、锌、铬等有价金属，是宝贵的二次金属资源。湿法冶金可以按照浸出、富集和金属提取三个阶段，从二次资源中选择性提取多种金属[2]。浸出阶段根据二次资源中金属元素的组成及存在形式特点，通常选择酸浸、碱浸、氨浸、生物浸出等方式实现化学性质有明显差异的金属元素之间的选择性分离。浸出液的成分往往较为复杂而且浓度偏低，难以直接用于金属的提取利用，所以通常采用溶剂萃取、吸附、离子交换、电渗析等方法，进一步富集目标金属和分离杂质金属。面对成分越来越复杂的二次金属资源浸出液及其富集液，可采用电解、化学沉淀、电絮凝等方法提出金属或金属化合物。其中，化学沉淀和电絮凝往往无法获得高附加值的金属基产品，仍需进一步分离处理，电解法则可以直接制备高纯度金属。

（3）电冶金：利用电能进行金属的提取和加工，如电镀、电解精炼等。电冶金工艺的发展使得金属提取和加工更加高效。新一代的电解精炼技术不仅提高了生产效率，还减少了能源消耗和环境污染。随着冶金技术的不断发展，各种先进的特种电冶金工艺技术在冶金行业中逐渐被应用，例如：电子束熔炼技术、等离子熔炼技术、冷坩埚感应熔炼技术、冷床炉熔炼技术等，每一种特种电冶金工艺技术都有其优势与特点，能够有效地弥补传统熔炼方法对特殊金属难以提炼的问题，在冶金行业的发展史上具有重要的里程碑意义，且具有良好的发展与应用前景。在电冶金的不断探索中，科学家们突破了传统工艺，开创出一种全新的电磁冶金技术。通过其电、磁、热、力等效应，来强化冶金反应工艺过程、实施过程控制以及制备新材料等[3]。至今，人们利用这些物理效应，已开发出加热、熔化、金属熔体流动控制和凝固控制等一系列技术，涵盖了冶金的主要流程。这项创新不仅使得金属生产更环保，同时也为电冶金领域注入了新的活力。

2.2.3　按加工方式分类

按照加工方式的不同，可以分为以下几类。

（1）铸造冶金：通过将金属熔化后倒入模具中，冷却后得到所需形状的金属件。这种工艺在古代就已经存在，最早的铸造工艺可以追溯到公元前 4000 年左右的古埃及和美索不达米亚地区。在中国，铸造工艺也有着悠久的历史，早在商朝时期就已经出现了铜铸器。铸造冶金的工艺在历史上发挥着重要的作用，从古至今，人类利用这一技术创造了无数惊人的工艺品和实用品。随着科技的发展，现代铸造工艺日臻完善，不仅可以生产多种规格的零部件，还能实现复杂形状的精密铸件。铸造工艺的进步，为各行各业提供了可靠的支持，同时也推动了人类社会的发展。

（2）压力加工：利用外力使金属发生形变，以得到所需形状和性能的金属件，包括轧制、挤压、锻造等。压力加工在现代工业中扮演着至关重要的角色，不仅可以提高金属件的强度和硬度，还可以精确地控制其形状和尺寸。随着科技的不断进步，压力加工技术也在不断创新，出现了越来越多高效、精密的加工方法。这些方法不仅提高了生产效率，还大大降低了成本，为各行业的发展带来了新的机遇和挑战。

（3）焊接冶金：通过熔融状态下的金属间连接，实现金属结构的连接，包括电弧焊、激光焊等。而在现代工业中，焊接技术已经成为制造业中不可或缺的一环。从航天器到汽车，从建筑结构到微型电子器件，无处不见焊接的身影。且随着科技的发展，焊接技术也在不断创新，涌现出了更加高效、精准的焊接方法，为各行各业带来了更多可能。

（4）表面处理：通过表面涂覆、热处理等方式改善金属表面的性能，包括镀锌、镀铬、喷涂等。在现代工业制造中，表面处理冶金已成为不可或缺的一环。随着科技的进步，人们对金属表面性能的要求也日益提高。因此，涂覆、喷涂、电镀等技术不断创新，以满足各行各业对于耐腐蚀、耐磨损、导热性等方面的需求。这些技术的应用不仅提升了金属制品的质量，也拓展了其应用领域，促进了工业的发展。在金属表面处理的探索中，科学家们深入研究了新型纳米涂层技术。通过微观的涂覆，成功实现了金属表面耐腐蚀、耐磨损的提升。这一技术不仅延长了材料的使用寿命，同时为金属产品赋予了更为精致的外观，成为表面处理冶金领域的一项创新重点。

2.3　冶金工艺流程

以长流程钢铁冶金为例，其冶金工艺流程涵盖了从矿石开采到金属冶炼、精炼、连铸、轧制等整个工艺流程。具体包括如下。

（1）矿石开采与选矿。矿石开采与选矿工艺标准是确保矿产资源高效、安全和环保开采的关键。开采过程中，需根据矿石性质选择合适的开采方法与设备，如露天开采、地下开采等，以及配套的挖掘机、破碎机等设备。同时，严格遵守安全环保规定，确保工作场所安全、减少环境污染。矿石开采后，需进行质量检验，确保矿石品位符合选矿要求。在选矿流程设计上，要根据矿石类型、品位等因素进行科学合理的流程规划。选矿过程中，药剂的使用至关重要，需选择高效、环保的药剂，确保选矿效果。同时，合理配置选矿设备，如磨矿机、浮选机等，以提高选矿效率。产品质量控制是选矿工艺的重要环节，需通过严格的检测手段确保产品质量。对于尾矿处理，应采取科学合理的利用方式，如尾矿回填、尾矿库管理等，以实现资源的最大化利用，减少对环境的影响。

（2）炼铁工艺。炼铁是钢铁生产过程中的重要环节，其目标是从含铁矿物中提取出纯铁或铁碳合金。这一过程涉及多个关键步骤，包括原料准备、高炉冶炼、炉渣处理、铁水调控与铸造，以及废气处理与环保。

炼铁的主要原料是铁矿石、焦炭和熔剂（如石灰石）。铁矿石是铁的天然来源，其中含有铁氧化物；焦炭作为还原剂，在高炉中提供热量并还原铁矿石中的铁；熔剂则用于调整炉渣的性质，促进杂质与铁的分离。在配料阶段，根据铁矿石的品位、焦炭的质量和冶炼要求，精确计算并混合原料，以确保高炉冶炼过程的顺利进行。

高炉炼铁是目前钢铁工业生产铁水的主要工艺，如图 2-2 所示。品位高的铁矿石、烧结矿以及球团矿是高炉炼铁的原料，焦炭和煤粉在高炉炼铁中作为还原剂和燃料[4]。铁矿石主要有赤铁矿（Fe_2O_3）和磁铁矿（Fe_3O_4）等。在冶炼前，需要对铁矿石进行选矿，以提高其品位，即铁的含量。之后，经过破碎、磨粉和烧结等步骤，铁矿石才能被送入高炉进行冶炼。在高炉中，焦炭和喷吹物中的碳及碳燃烧生成的一氧化碳将铁矿石中的氧夺取出来，这个过程称为还原，由此得到铁。同时，炉内还进行造渣反应，将杂质与铁分离。炉渣主要由硅酸盐、氧化铝等组成，经过处理后可以作为建筑材料或其他工业原料使用。

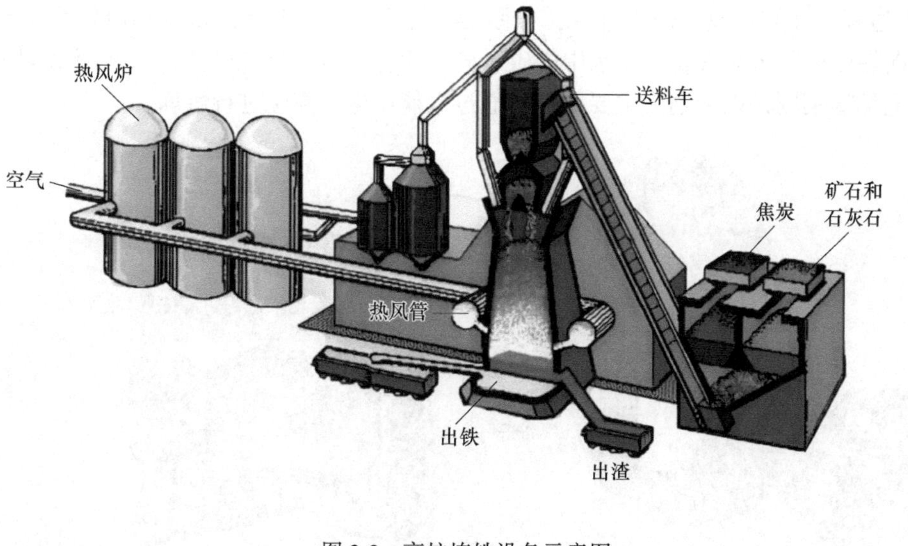

彩图

图 2-2 高炉炼铁设备示意图

非高炉炼铁是指除高炉炼铁之外的其他炼铁方法。相比于传统的高炉炼铁技术，非高炉炼铁技术提倡以非焦煤为主要能源，大大提升了环保水平，并且还省去烧结造块工序，打破了传统炼铁技术的“长流程”限制[5]，包括直接还原炼铁、熔融还原炼铁、粒铁法、生铁水泥法和电炉炼铁等。非高炉炼铁按工艺特征、产品类型及用途可分为直接还原和熔融还原两种。直接还原炼铁工艺使用煤、气体或液态燃料为能源和还原剂，在铁矿石软化温度以下，不熔化即将矿石中的氧化铁还原获得固态直接还原铁（DRI、HBI、HDRI）的生产工艺。这种方法的重要特点是还原过程相对容易控制，可用来有选择性地还原矿石中的某些元素，从而使另一些元素继续保持氧化状态。按还原剂可分为气体还原剂法和固体还原剂法，按炉型可分为竖炉法、固定床法、回转窑法和流态化床法四种。熔融还原炼铁则是将铁矿石和煤、焦炭等还原剂在高炉外的熔融状态下进行还原反应，得到液态铁水的方法。这种方法具有能耗低、污染小、生产灵活等优点，是钢铁工业发展的前沿技术之一。

非高炉炼铁技术在全球范围内得到了广泛的应用和发展。与传统的高炉炼铁相比，非高炉炼铁具有投资少、建设周期短、能耗低、污染小等优点。同时，非高炉炼铁还可以处理一些高炉无法处理的铁矿石资源，提高了资源的利用率。然而，非高炉炼铁也存在一些挑战和问题。例如，直接还原炼铁工艺中需要使用大量的煤、气体或液态燃料作为还原剂，这可能会增加二氧化碳等温室气体的排放。此外，非高炉炼铁技术的生产效率和产品质量等方面还需要进一步提高和完善。

（3）炼钢工艺。炼钢工艺的主要任务是通过氧化反应脱碳、升温、合金化，以去除铁水中的碳、氧、气体和非金属杂质，从而获得具有适宜化学成分和温度的钢水。整个炼钢工艺可以分为以下几个步骤。

1）原料准备：包括铁水、废钢和造渣材料等。铁水是炼钢的主要原料，而废钢则可以作为冷却剂使用，同时还可以降低生铁中的含碳量。造渣材料如石灰石、白云石等，用于形成炉渣，将杂质从钢水中去除。

2）炼钢过程：在转炉或电炉中进行，如图 2-3 所示。转炉炼钢以铁水和废钢为主要原料，通过向转炉内吹入氧气，使铁水中的碳、硅、锰等元素氧化成炉渣，从而降低钢中的含碳量。电炉炼钢则是以废钢为主要原料，通过电能产生的高温进行熔炼。

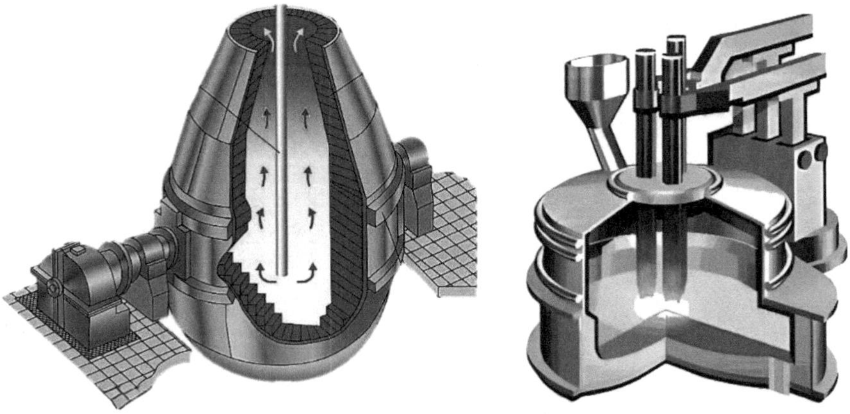

(a) (b)

图 2-3 转炉炼钢（a）与电炉炼钢（b）设备示意图

彩图

3）精炼工艺：精炼的目的是进一步去除钢水中的杂质，调整钢水的化学成分和温度。精炼过程中会加入不同的合金元素，以满足不同钢种的需求。精炼后的钢水可以浇铸成钢锭或直接连铸成钢坯。常见炉外精炼设备如图 2-4 所示。

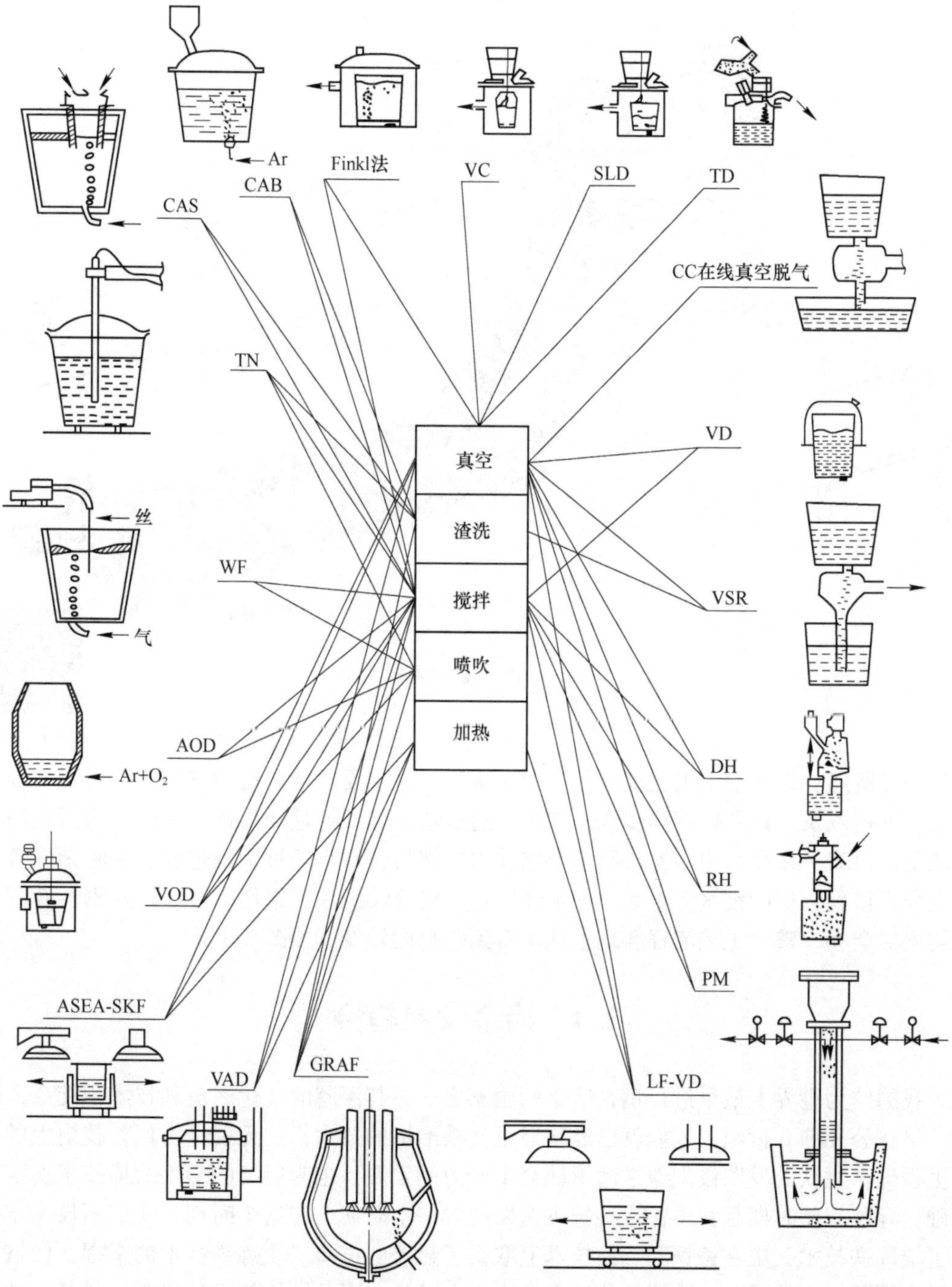

图 2-4 常见炉外精炼设备示意图

4）连铸工艺：连铸是将精炼后的钢水连续浇铸成一定形状和尺寸的钢坯的过程，如图 2-5 所示。连铸技术具有节能、省材、提高成材率等优点，是现代钢铁生产的重要工艺之一。除了以上四个主要步骤外，炼钢工艺还包括一些辅助工序，如铁水预处理、炉外精炼、钢水脱气等，以进一步提高钢的质量和性能。

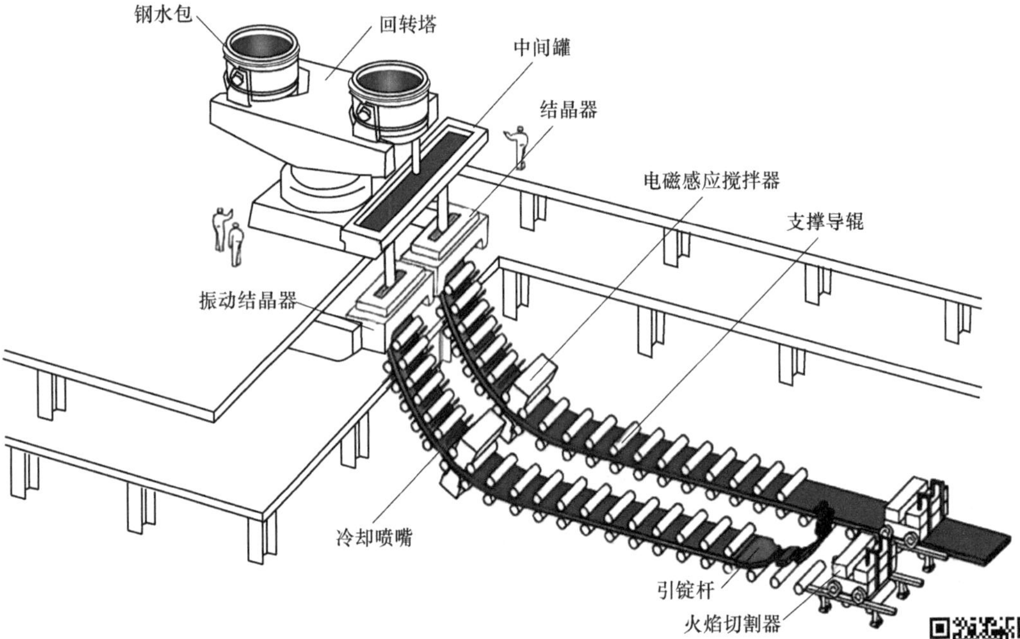

图 2-5　连铸工艺设备示意图

彩图

综上所述，钢铁冶金工艺流程是一项系统工程，主要包括矿石的选矿和预处理、高炉炼铁、炼钢以及连铸和轧钢等步骤。首先，通过选矿和预处理提高矿石品位，为后续冶炼做准备。接着，在高炉中将铁矿石还原成铁水。然后，铁水经过炼钢过程，去除杂质并调整成分，得到合格的钢水。最后，钢水经过连铸机连续浇注成钢坯，再通过轧钢机轧制成各类钢材产品。整个工艺流程实现了从矿石到钢材的转变，如图 2-6 所示。

2.4　冶金发展趋势

我国作为世界上最早进行钢铁冶炼的国家之一，其深厚的文化底蕴和技术积淀令人敬仰。早在公元前 6 世纪，人们就已经掌握了生铁冶炼的技术，这无疑是古代科技史上的一个里程碑。生铁的发明极大地推动了社会生产力的发展，也为后续的钢铁冶炼技术奠定了基础。春秋战国时期是我国古代科技飞速发展的一个时期。在这个时期，我们不仅基本掌握了块炼铁技术，更在铸铁和炼钢技术上取得了显著的进步。块炼铁技术的掌握，使铁的质量得到了极大的提升，铁器的使用寿命也大大延长。而且铸铁技术的出现，更是让铁器的形状和用途变得更加多样化，从而满足了社会生产和生活的各种需求。炼钢技术的掌握，则标志着我国钢铁冶炼技术达到了一个新的高度。通过炼钢，我们可以去除铁中的杂

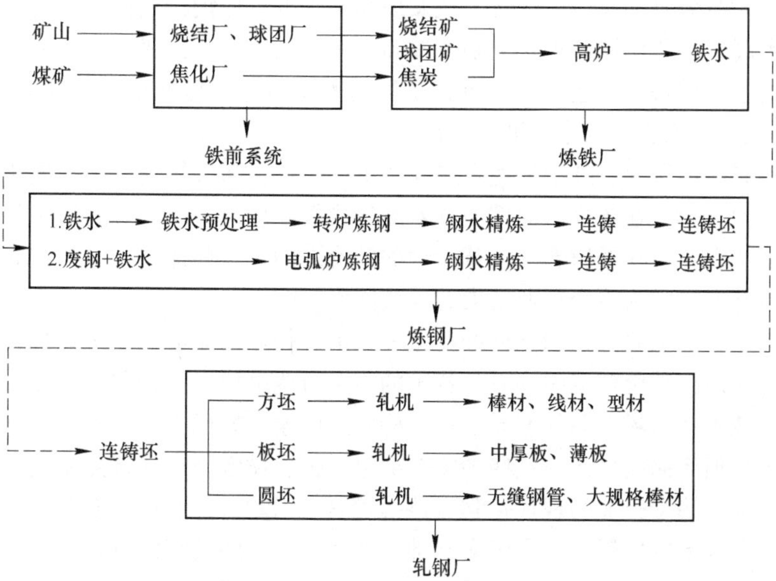

图 2-6 钢铁冶金工艺流程示意图[6]

质，提高铁的硬度和韧性，使其更加适用于制造各种高精度的工具和武器。这一技术的掌握，无疑极大地提升了我国古代制造业的水平，也为我国古代文明的繁荣做出了重要贡献。图 2-7 为《天工开物》下卷中描绘的“生熟炼铁炉”图。

图 2-7 《天工开物》下卷中描绘的“生熟炼铁炉”场景

进入工业大革命时期以后，随着工业发展需要和电炉炼钢，连铸技术的发展，钢铁冶炼技术大大提高，全球钢铁产钢量大幅度提高。新中国成立后，我国先后从德国和日本引进大量先进的冶炼设备和工艺，从而改善了国内钢铁冶炼落后的形势，到 2009 年国内生产粗钢 5.65 亿吨，此后一直稳居世界之首。

当前，世界冶金行业正处于快速发展和变革的时期。随着科技的不断进步和全球经济的快速增长，冶金行业在各个方面都面临着新的挑战和机遇。从传统的冶炼技术到高新技术的应用，冶金行业正在经历着一场革命性的转变。同时，环保、资源节约和可持续发展等问题也日益凸显，成为冶金行业发展的重要因素。

作为世界上一些主要国家的支柱产业之一，冶金行业在促进国家工业化和经济增长方面发挥着关键作用。从全球范围来看，各国的冶金行业呈现出多样化的特点，反映了不同国家在资源、技术和市场方面的差异。在一些发达国家，如德国和日本，冶金行业注重技术创新和高附加值产品的生产。这些国家在冶金工艺、设备制造和智能制造方面取得了显著的进展，推动了冶金行业的现代化和可持续发展。同时，它们在研发和人才培养方面投入巨大，为行业未来的发展奠定了坚实基础。然而，在一些新兴经济体中，冶金行业的发展则更加注重资源开发和基础设施建设。这些国家在矿产资源丰富的情况下，通过加强采矿、炼铁和冶炼等环节，助力国家工业化进程。冶金产业在生产过程中要消耗大量的煤炭资源，成为全球产生二氧化碳的主要来源。由生产过程引起的温室效应、环境污染、极端天气等问题日益严重，为此世界各国都向低碳化绿色化转型[7]。同时冶金行业资源循环利用仍然存在系列亟待解决的重大难题，如转炉钢渣、氧化铝赤泥等大宗复杂难用冶金固体废物尚缺乏经济可行的利用手段[8]。总体而言，国外冶金行业呈现出多元化的面貌，不同国家在该领域的发展取决于其自身的资源禀赋、科技实力和市场需求。在全球化的时代，各国之间的冶金产业合作日益增强，共同应对环境挑战、技术难题，推动冶金行业朝着更加可持续和创新的方向迈进。

据世界钢铁协会（World Steel Association，WSA）统计数据显示，近年来世界前 5 位主要产钢国分别为中国、印度、日本、美国及俄罗斯[9]。这些国家拥有先进的技术和丰富的资源，使它们在铁、钢、铝等冶金产品的生产中占据着主导地位。然而，随着全球化的不断深入和新兴经济体的崛起，国外冶金产量格局也在发生着变化。近年来，亚洲地区的一些新兴经济体（如印度、越南和印度尼西亚等）逐渐成为全球冶金产量的重要增长点。这些国家拥有庞大的人口和丰富的资源，吸引了大量投资进入冶金行业。特别是中国，作为全球最大的铁矿石和钢铁生产国，其冶金产量一直居于世界领先地位，对全球冶金市场产生着巨大影响。但面向“双碳”目标，冶金行业亟待绿色低碳转型升级发展[10]。碳达峰、碳中和的宏观发展形势，将助推钢铁行业构建更高水平的供需动态平衡，优化工艺流程结构，实现冶炼技术革命[11]。从产品端，原生资源/再生资源冶炼加工生产的金属材料、伴生资源综合利用的再生产品将向中高端跃进，冶金过程将成为高端金属材料与低碳再生产品多联产综合体；从循环端，打造稳定畅通的资源开采-冶炼加工-材料制造-循环再用循环经济全链条是发展重点[12]。钢铁行业碳中和的可能路径除产业结构调整及随着社会进步需求降低外，更重要的是发展氢冶金、废钢回用短流程技术、富氧高炉、钢化联产、余热余能利用等[13]。中国钢铁行业到 2060 年还将有约 1 亿吨 CO_2 排放量，通过碳捕捉（Carbon Capture，Utilization and Storage，CCUS）、碳汇或碳交易等措施，钢铁行业有可能趋近“碳中和”。如图 2-8 所示，2021—2060 年累计碳减排贡献中，粗钢产量下降因素约占 45%，全废钢电炉流程钢厂发展的因素约占 39%，氢冶金因素约占 9%，节能、界面技术、智能化等因素约占 7%[14]。一些传统的冶金强国（如美国、日本和德国等）也面临着产业结构调整和技术更新的挑战。这些国家在冶金领域拥有先进的技术和丰富的经验，但随着新兴市场的崛起和环保意识的提高，它们不得不加大技术创新和环保投入，以保持竞争力并应对日益严峻的国际竞争。国外冶金产量的发展受到多种因素的影响，包括技术水平、资源储备、市场需求以及政策环境等。未来，随着全球化的深入和新兴市场的崛起，国外冶金产量的格局将会继续发生变化。因此，对于冶金企业来说，必须密切关注全球冶金行业的动态，不断提升技术水平，加强创新能力，以适应并主导未来的发展趋势。

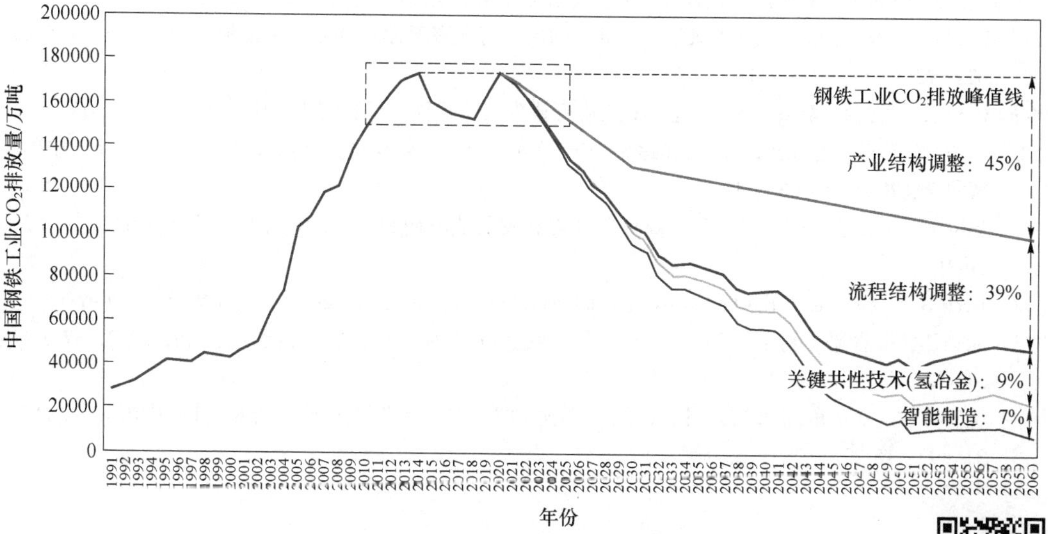

图 2-8　中国钢铁行业实现“碳中和”的技术路线图[14]

彩图

思 考 题

2-1　冶金工程的定义是什么，它包含哪些主要工艺？

2-2　简述冶金工艺的几种主要分类方法。

2-3　简述当前我国冶金工程的发展现状。

2-4　分析我国冶金行业的未来发展趋势和面临的挑战。

2-5　冶金工艺流程中可能涉及哪些伦理考量？

参考文献

[1] 李毅仁, 邢奕, 孙宇佳, 等. 钢铁工业低碳绿色发展路径与实践 [J]. 工程科学学报, 2023, 45 (9): 1583-1591.

[2] 徐唐灿, 钟怡玮, 谢佳俊, 等. 二次资源中有价金属湿法回收利用研究进展 [J]. 中国有色金属学报, 2024, 34 (3): 855-876.

[3] 付毅, 赵义峰, 康宏宇. 特种电冶金工艺技术的发展与应用 [J]. 世界有色金属, 2019 (19): 3-4.

[4] 彭程, 龙红明, 范春龙, 等. 钢铁流程协同利用有机固废研究进展 [J/OL]. 钢铁: 1-12 [2024-05-04].

[5] 刘然, 张智峰, 刘小杰, 等. 低碳绿色炼铁技术发展动态及展望 [J]. 钢铁, 2022, 57 (5): 1-10.

[6] 薛正良. 钢铁冶金概论 [M]. 北京: 冶金工业出版社, 2016.

[7] 卢立金, 王海风, 王锋, 等. 氢冶金工艺技术发展现状及应用 [J]. 钢铁, 2024, 59 (3): 183-196.

[8] 李会泉, 吴玉锋, 陈运法. "双碳" 目标下的冶金行业资源循环利用技术前沿 [J]. 过程工程学报, 2022, 22 (10): 1414-1417.

[9] 杨玉桢, 刘智颖, 李杰, 等. 中国钢铁工业低碳发展路径优化 [J/OL]. 中国冶金, 2024: 1-13.

[10] 干勇, 彭苏萍, 毛景文, 等. 我国关键矿产及其材料产业供应链高质量发展战略研究 [J]. 中国工程科学, 2022, 24 (3): 1-9.

[11] 柴立元, 王云燕, 孙竹梅, 等. 绿色冶金创新发展战略研究 [J]. 中国工程科学, 2022, 24 (2): 10-21.

[12] Reck B K, Graedel T E. Challenges in metal recycling [J]. Science, 2012, 337 (6095): 690-695.

[13] 张锁江, 张香平, 葛蔚, 等. 工业过程绿色低碳技术 [J]. 中国科学院院刊, 2022, 37 (4): 511-521.

[14] 上官方钦, 刘正东, 殷瑞钰. 钢铁行业 "碳达峰" "碳中和" 实施路径研究 [J]. 中国冶金, 2021, 31 (9): 15-20.

3 冶金工程的价值、利益与公正

课程思政

现任鞍钢集团矿业公司齐大山铁矿生产技术室公路管理业务主管、中华全国总工会副主席（兼）的郭明义，曾先后荣获全国优秀共产党员、全国五一劳动奖章、全国道德模范、2010 年感动中国人物、“当代雷锋”、辽宁省“优秀共产党员”等荣誉。在参加工作的 37 年里，他干一行爱一行、钻一行精一行，在先后从事的 7 个不同岗位上都取得了突出的业绩，是爱岗爱企、恪尽职守的典范。在任矿扩建办英文翻译期间，他是外国专家最信赖的合作伙伴，先后查出国外 5 台设备有重大质量缺陷，为企业赢得了 10 万美元的赔偿。无论是面对国外的高薪聘请、承包方的吃请送礼，还是盗窃分子的威胁恐吓，他都不为所动，像一颗永不生锈的螺丝钉，牢牢地拧在了自己的岗位上。时代发展需要各行各业的大国工匠，工匠精神也将历久弥坚。如今，我国已有超过上亿名的技能人才奋战在各行各业，有力支撑着“中国制造”“中国创造”不断阔步向前。齐大山铁矿采场工地全貌如图 3-1 所示。

图 3-1　齐大山铁矿采场工地全貌

彩图

3.1　冶金工程的价值特点

冶金工程是一门实践性很强的综合性工程学科，涉及金属和非金属材料的加工、利用和循环，为经济提供关键生产资料，涉及复杂工艺流程并面临高能耗与环保挑战。因此，冶金工程不仅是一门技术性的学科，也是一门具有社会性、人文性和生态性的学科，其价值特点主要表现在以下三个方面。

3.1.1 冶金工程的价值导向性

冶金工程的价值导向性是指其目的和动机是满足人类的需求和利益，而不是为了单纯的技术探索和发展。由于冶金工程的价值导向性，引出一个重要的伦理问题，即冶金工程为什么人服务，服务的内容是什么，以及什么样的服务方式？服务对象是广泛的社会成员，包括国家、企业、个人和其他利益相关方。服务内容是多样的产品、技术和信息，涉及基础设施、工业、交通、能源、环境等各个领域。服务方式是灵活的创新、合作和交流，注重与其他学科和领域的融合和互动。在当今形势下，工程活动的价值导向性问题，特别是从社会伦理的角度思考工程活动的目的，确保工程符合公平公正等基本伦理原则，变得非常重要。我们应始终坚持正确的价值导向，综合考虑各种因素，确保冶金工程项目能够为社会带来真正的价值和贡献。

3.1.2 冶金工程的价值多元性

冶金工程的价值多元性是指冶金工程的价值不是单一的，而是多维的、有层次的和相互关联的，即冶金工程不仅具有经济价值，也有科学、政治、社会、文化、生态等多方面的价值。若对这些价值视而不见，反过来批判冶金工程价值的狭隘性和单向度，则是没有道理的。冶金工程的价值多元性体现在它的价值类型、价值尺度和价值评价上。其价值类型包括以下五种。

3.1.2.1 冶金工程的科学价值

冶金工程的科学价值是指其对于科学知识的创造、积累和传播的贡献。作为一门基于自然科学和工程科学的学科，冶金工程不断地探索和揭示金属和非金属材料的本质、结构、性能和规律，为人类提供了丰富和深刻的科学认识和理解。

随着大数据、互联网、人工智能等信息技术的深入发展，传统冶金工程学科的人才培养模式、教学目标、科技研发与知识框架结构等内容已难以适应新形势下的产业技术变革与企业转型升级需求，而“双碳”目标的提出更是倒逼冶金工程学科主动适应新形势的学科发展脉络，在此背景下冶金工程将发挥巨大的科学价值。

然而，伴随着“双碳”的实施与新一轮科技革命的深远影响，传统冶金工程学科培养的技术人才已经难以满足新形势下的产业发展格局，其技能滞后于发展需求已成为无法避免的常态化。例如表 3-1 钢铁行业低碳行动汇总，这些新方案和新技术在人才培养方面难以落实。这主要有两个方面的原因：第一，新科技革命给冶金工业及相关领域带来了显著变化，智能制造、智能冶金、大数据等逐渐成为“新工科”的发力点，多学科之间的交叉融合已是冶金工程学科发展的必然趋势，而依据现有技术需求，新知识、新学科的快速拓展一定会涉及计算机、人工智能、云数据、芯片等领域，但由于前期基础技术积累不足及体制不完善，无法在短时间内实现各学科间的知识融合与贯通，科学技术壁垒依然会存在一段时间；第二，现有冶金工程学科的学科边界较强，致使前期的教学工作主要以单学科框架传授为主，再加上多学科教学的学科带头人、教学队伍还没有形成较强的战斗力，知识融合与传输仍需一定时间，学科技术壁垒跨越难度依然较大。

表 3-1 钢铁行业低碳行动汇总[1]

原理分类	具体行动措施	约束条件
减少产量	延长产品使用寿命，严控产能	社会经济发展需求
节能技术	能效提升、余热回收、智能管理	理论节能最大潜力
废钢循环利用	电炉短流程炼钢工艺、氢能炼钢	废钢供应量及氢供应成本
新能源替代	生物质燃料炼钢	研发成本/生物质资源供应量
末端脱碳技术	碳捕获与封存技术	技术成熟度和成本

冶金工程在未来将继续展现其深远的科学价值。随着科技的不断进步，冶金技术将更加精细化、智能化，不仅有助于提高矿产资源的利用效率，减少能源消耗和环境污染，还将推动新材料的研发与应用，为航空航天、电子信息、生物医学等高科技领域的发展提供坚实的物质基础。因此，冶金工程的科学价值不仅体现在对传统冶金工艺的改进和优化上，更体现在其对于现代科技和产业发展的推动和支撑作用。

3.1.2.2 冶金工程的政治价值

冶金工程的政治价值是指它对于国家安全、国际关系和社会稳定的影响和作用。作为一门与国家战略、国防建设和国际竞争密切相关的学科，它为国家提供了重要的物质基础、技术支撑和战略资源，增强了国家的综合实力和国际地位。

以始于 2022 年 2 月的俄乌冲突为例，这场冲突不仅对俄罗斯和乌克兰两国产生了深远的影响，还对地区政治与安全、世界经济复苏、全球减贫、粮食和能源安全、生态环境等方面带来了严重的冲击，特别是两国钢铁行业因受此冲突影响而变化剧烈，战争期间两国多处铁矿及钢铁厂处于基本停滞状态。

据新华社 2022 年 3 月报道，受俄乌冲突影响，乌克兰东南角及中部的马里乌波尔市的亚速钢铁厂、伊里奇矿业冶金联合体及扎波罗热钢铁厂已暂停生产，位于第聂伯罗彼得洛夫斯克州的第聂伯罗冶金厂在军事行动期间暂停冶炼业务，而卡梅特钢铁厂将继续生产，此次大规模停产预计影响乌克兰整体冶金产量的 30%~40%，再叠加其他小型钢铁厂停产，预计乌克兰全国共有 50%~60%的钢铁厂将停止生产。而俄罗斯钢厂主要分布在西南角及东南角区域，东南角主要是短流程电炉厂，西南角更多是长流程钢厂。从世界钢铁协会数据了解到，俄罗斯钢铁主要 4 家钢厂均在西南区域，分别是谢韦尔集团、耶弗拉兹集团、新利佩茨克钢铁公司和马格尼托哥斯克尔钢铁公司，当前这 4 家企业生产未受到明显影响。俄乌战争下的俄罗斯和乌克兰连续铸钢产量见表 3-2，而较高的产量则意味着国家工业能力、技术水平和资源优势，直接关系到国家基础设施建设、军事装备制造、交通运输、建筑业等领域。

表 3-2 俄乌战争下的俄罗斯和乌克兰连续铸钢产量[2]

国家	铸钢产量/百万吨			粗钢中连铸占比产量/%		
	2020 年	2021 年	2022 年	2020 年	2021 年	2022 年
俄罗斯	59.1	49.6	47.3	82.5	64.4	66.2
乌克兰	13.6	14.1	4.7	66.2	66.2	75.2

因此，钢铁产业作为国家经济的重要支柱，在一定程度上体现了国家的综合实力。多家钢铁厂暂停运营，不仅加剧了国内的经济压力，还对其政治局势有较大影响，进一步加剧了冲突的紧张氛围，使得原本就复杂的政治关系更加扑朔迷离。此外，钢铁厂的停工也引发了对国家能源安全、产业链完整性以及国际经贸关系等方面的担忧和讨论，对国际政治格局产生了不可忽视的冲击。

3.1.2.3 冶金工程的社会价值

冶金工程的社会价值指的是冶金工程对于社会经济、社会文明和社会公益的促进和改善。作为一门与社会生产、社会消费和社会服务密切相关的学科，冶金工程为社会提供了大量的产品、技术和信息，满足了人们的各种需求和愿望，从而提高了人们的生活质量和幸福感。

冶金工程是现代工业的基石之一，钢铁、铝、铜等金属均是建筑、交通、能源和通信等领域的关键材料。冶金工业的发展对国家经济的推动作用不言而喻，它为社会提供了众多就业机会，涉及研发、生产、管理以及销售等环节，需要众多专业人才的参与。冶金工业的发展直接带动了国家和地区经济的增长，不仅创造了财富，也显著提升了人民的生活水平。以 1966 年的鞍山钢铁厂为例，员工人数一度高达 47 万人。截至 2023 年年末，鞍钢集团在岗职工概况如图 3-2 所示。钢铁企业的建造伴随着大量基础设施的建设，包括道路、交通系统、学校和医院等，这些都极大地提高了社区居民的生活质量和便利性。在发展中国家，钢铁企业甚至常常承担起为社区提供健康保健服务和教育的角色。总之，钢铁企业不仅是经济增长的推动者，还是社会发展的重要组成部分。通过基础设施建设、就业机会和环境保护，钢铁企业对周边社会产生积极影响。

3.1.2.4 冶金工程的文化价值

冶金工程的文化价值体现在其对人类文化遗产的传承、对创新的推动以及对文化发展的深远影响。作为一门与人类文明史息息相关的学科，冶金工程不仅映射了人类对自然界和社会环境的理解，更是智慧与精神的象征，它不断拓展着人类文化的深度与广度，丰富了我们的文化表达与实践。

以 2022 年北京冬奥会自由式滑雪和单板滑雪比赛的场地“首钢滑雪大跳台”为例[4]，该项目是中国北方地区别具匠心的工业遗产改造工程。它是对百年钢厂的再利用，更是城市与永定河之间联系的恢复和自然环境的重建。如图 3-3 所示，首钢滑雪大跳台不仅是全球首个建在工业遗址上的冬奥场馆，也是第一个永久性的滑雪大跳台竞赛设施。其

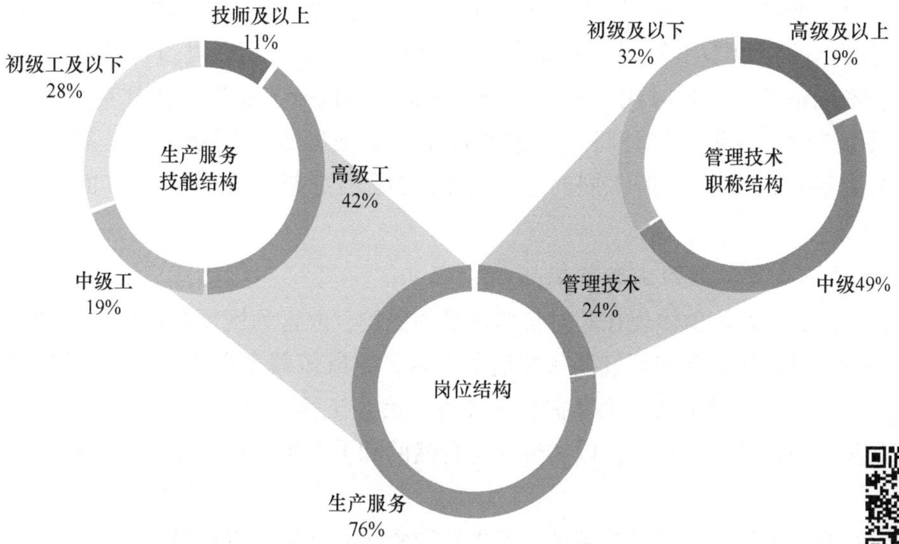

彩图

图 3-2　截至 2023 年年末，鞍钢集团在岗职工概况[3]

彩图

图 3-3　首钢滑雪大跳台

规划设计巧妙地将冬奥设施与钢铁厂的核心部分，包括制氧厂、冷却泵和空分塔融为一体。这座场馆的建设不仅保留了首钢的工业遗迹，还将工业历史与奥林匹克文化相结合，成为体育精神与工业时代致敬的象征。首钢园区的复兴超越了体育赛事的范畴，它代表了城市文化的复苏。这种将工业遗址转化为冬奥赛场的创新举措，展现了北京作为世界级大都市的文化自信，同时也是中国在城市更新和文化复兴方面不懈努力的体现。

3.1.2.5 冶金工程的生态价值

冶金工程的生态价值体现在其对自然环境的保护、改善和恢复的责任和行动上。冶金工程也是一门与自然资源和环境紧密相连的学科，它既依赖于自然，又对自然产生影响；既利用自然资源，同时也致力于保护自然环境。冶金工程不仅改变了自然，更重要的是，它也努力恢复和修复自然环境，以实现人与自然的和谐共生，这就是冶金工程的生态价值所在。

传统的冶金工程以自然界为基础，从中获取资源和能源，以满足人类的生存和发展需求。然而，由于我们对自然资源的无节制开发和利用，以及对自然环境的无节制排放废弃物，导致了环境污染、生态系统功能退化等严重问题，这些问题都对人类的持续发展构成了威胁。从这个角度来看，这样的冶金工程对生态的价值是负面的。

然而，人们逐渐意识到了这些问题，冶金工程领域也开始转向节能、降耗、绿色、环保、低碳以及环境友好型的方向。我们正在大力开发新兴能源，发展循环经济，因此，其对生态的价值也在发生转变。特别是现在已经出现了专门研究和从事防治环境污染和提高环境质量的新能源、碳储科学与工程等“新新”专业，这些都是我们对环保的积极努力，也是我们对生态价值认识的深化。

以江苏张家港市锦丰镇冶金工业园区为例[5]，锦丰镇位于长江南岸，太湖平原的北缘，是由江水携带的泥沙沉积形成的沙洲，经过逐步积涨、延伸、并联而成的地方，其主要产业为重工业，集中了沙钢集团、浦项（张家港）不锈钢、苏闽金属等冶金企业。根据近年来张家港市财政局出台的各项政策，锦丰镇在生态补偿、耕地地力保护、河道治理等方面确保了资金的投入，提高了资金使用效益，推动了生态环境质量的进一步提高。该冶金园区建立了完善的环境监测体系，定期对空气、水和土壤质量进行监测；建立了废水处理设施、废气净化系统和固废处理系统，以减少对环境的不良影响，同时这些设施也可以处理周边环境及生活产生的废弃资源。通过科学管理和技术手段，冶金园区成功降低了污染物排放，提高了空气、水和土壤质量。这些都充分体现了冶金工程对生态环境保护的重要价值。

3.1.3 冶金工程的价值综合性

冶金工程的价值并非孤立存在，而是在各个方面都存在着相互联系、相互影响和相互制约，这就是所谓的价值综合性。这种综合性主要体现在价值结构、价值平衡和价值优化这三个方面。

首先，价值结构是一个复杂的系统，它由不同的价值类型、价值尺度和价值评价构成。这些元素共同构成了冶金工程的价值体系，反映了它的多元价值。其次，价值平衡是指在不同的价值类型、价值尺度和价值评价之间实现合理的协调和配合。这需要我们避免出现价值冲突和价值失衡，以确保冶金工程的价值得到有效的实现和发挥。最后，价值优化是指在不同的价值类型、价值尺度和价值评价之间实现最大的综合效益。这需要我们通过优化冶金工程的价值，提高其总体水平和质量，从而实现冶金工程的最大价值。

冶金工程作为一种改变自然和人类生活的实践，是一个综合性的体系，集成了科学、技术、经济、管理、社会、伦理和生态等多个领域的要素。通常，一项冶金工程都蕴含着多重价值。例如，冶金工程的经济价值主要体现在其创新性的金属材料开发上，这不仅推动了工业的进步，也带动了经济的增长。其政治价值则体现在提升国家科技实力和国际地位的过程中。社会价值则体现在创造就业机会和提高人民生活水平的方面。此外，冶金工程的文化价值在于推动科技文化的发展，丰富人类的精神世界。其科学价值体现在推动科学研究的进步，提高人类对自然界的认识。最后，其生态价值体现在推动环保技术的发展，保护自然环境。这些都是冶金工程所能带来的多元价值。

实际上，更加关注冶金工程各方面价值的正负性质。期望在预算、工期等约束条件下，冶金工程各方面的价值都是正向的，即符合期望、向往的，对我们有利的。这就需要在这些不同价值之间进行权衡取舍和协调优化。应当避免极端地追求某一方面的价值，如经济价值，而牺牲其他方面的价值，甚至导致其他价值变为负值，如污染环境，威胁人们的安全。

由于冶金工程的上述价值特点，其能力、职业、实践和成果等，就成为一个人、一个企业、一个社会、一个国家的宝贵资源和财富。如何分配和使用这种力量和资源，造福于大多数民众，还是为少数人服务，无疑是一个涉及公正的社会伦理问题。冶金工程不仅仅是科学和技术的实践，更是社会责任和伦理的实践。

3.2 冶金工程服务的对象

冶金工程服务的对象是指冶金工程的产品、技术和信息能够为其提供价值和好处的社会成员。冶金工程服务的对象可以从不同的角度和层面来划分和分析，包括目标人群、可及与普惠等。

3.2.1 目标人群

“目标人群”是指冶金工程服务的主要受众，这些服务是为满足他们的需求和特性而设计的。我们可以根据各种标准和维度（如地域、行业、职业、年龄、性别、收入、教育和兴趣等）来分类和区分目标人群。每个目标人群都有其独有的特征和需求，冶金工程需要根据这些特征和需求来设计和提供服务。

冶金工程的资源分布（包括资金、技术、人力和材料等）在时空上是不均匀的，它将这些资源集中在特定的时空点，只能服务于特定的人群，而不能覆盖所有人。在顾客中，有的是优质顾客，有的则是一般顾客。并非所有顾客都能创造同样的价值，因此他们应该得到不同的待遇。有些顾客更为重要，他们应该得到更多的服务和关注，同时，也有的顾客应该得到较少的服务。

那么，如何确定目标顾客群，一般来说，企业会根据可支配收入水平、性别、年龄、地域分布、种族等特征来区分人群，从中识别出可能购买其产品的目标人群。作为一门涉及矿物提取、金属生产以及材料性能改进等多个方面的学科，冶金工程的目标客户群体可以从以下几个角度来考虑。

（1）主要关注对象：冶金工程的核心客户群体主要是各类工业企业，他们对金属和金属制品有着强烈的需求。这些企业可能涵盖了汽车制造、航空航天、建筑以及电子设备制造等行业领域。他们依赖金属材料来生产他们的产品。

（2）次要目标：冶金工程的次要客户群体可能是研究机构和教育机构。这些机构需要利用冶金工程的专业知识来进行科研工作或者教学活动。

（3）辐射人群：冶金工程的影响力会辐射到广大的消费者。虽然消费者可能并不直接购买工程师生产的金属材料，但他们购买和使用的许多产品（如汽车、电子设备等）都是由这些材料制成的。因此，冶金工程也对消费者产生了间接的影响。

总的来说，冶金工程的客户群体极其广泛，涵盖了从工业生产、科研教学，到普通消费者的各个层面。冶金工程师需要根据各类客户群体的特定需求，提供适宜的金属材料和冶金解决方案。

关于谁能优先享受到成果，或者确定人们享受成果的顺序，实际上是一个工程资源分配的问题。首先，需要明确项目的资源需求，包括人力资源（如工程师、技术员等）、物质资源（如原材料、设备等）以及财务资源（如资金、预算等）。接下来，需要评估现有的资源供应，包括公司内部的资源（如员工、设备等）以及外部的资源（如供应商、合作伙伴等）。然后，根据资源需求和资源供应制定出详细的资源分配计划，该计划应详尽地列出每个资源的分配情况，包括资源的数量、分配的时间以及分配的地点。按照资源分配计划开始执行资源的分配，这需要与多个部门或者个人进行协调和沟通。在资源分配的过程中，需要持续监控资源的使用情况，并根据实际情况进行调整。例如，如果某个资源的使用率超过了预期，可能需要增加这个资源的供应；反之，如果某个资源的使用率低于预期，则可能需要减少这个资源的供应。这样就可以确保资源的有效利用，同时也能确保所有的人都能公平地享受到成果。

3.2.2　可及与普惠

“可及与普惠”是指冶金工程的服务能否覆盖所有目标人群，以及所有目标人群是否能享受到冶金工程的价值和益处。这不仅是冶金工程价值导向的重要体现，也是其社会责任和公平正义的重要准则。实现“可及与普惠”需要冶金工程的产品、技术和信息的价格具有合理性、公平性和透明性，即价格应能反映其成本、效益和影响，适应不同的收入水平和消费需求，以实现利益的公平分配和补偿。

在冶金工程的视角下，金属产品的生产和销售价格对企业经济效益的影响是至关重要的。由于销售收入是产品销售量和产品销售价格的乘积，因此从盈利的角度来看，企业通常希望金属产品的价格尽可能高，或综合考虑价格和销量的关系，对二者进行适当的权衡和协调。总的来说，企业为金属产品设定合适的价格，目的是获得满意的回报，实现企业利益的最大化。

从消费者的视角出发，金属产品的定价应与其能带来的利益或优势相匹配。除非产品是消费者的必需品或没有其他可替代的选择，否则消费者可能不会选择购买。大多数消费者都将性价比视为选购商品的重要参考，他们期望在保证一定品质和性能的前提下，金属产品的价格越低越好。

因此，冶金产品是冶金工程与社会（消费者）之间的重要桥梁，其价格是供需双方都极为关注的因素，它直接反映了冶金工程主体（企业）与冶金工程用户（消费者）之间的利益关系。

在冶金工程实践中，资源分配的广度超越了人力、物质和财务资源的界限，进一步涵盖了时间和技术资源。例如，某些冶金工程项目可能需要特定的技术或设备，这些都是必须考虑的资源。此外，时间也是一种宝贵的资源，因为冶金工程项目通常需要遵循严格的时间表和期限。在制定定价策略时，冶金工程企业需要考虑多个因素。首先，他们需要考虑生产成本，包括原材料、劳动力和设备的成本。其次，他们需要考虑市场竞争环境，包括竞争对手的价格和产品。最后，他们还需要考虑消费者的需求和支付能力。

冶金企业可能会采用多种定价策略。例如，可能会采用成本加成定价，即在成本基础上加上一定的利润率来确定价格；也可能会采用市场导向定价，即根据市场需求和竞争情况来确定价格；此外，还可能会采用价值导向定价，即根据产品的性能和消费者的认知来确定价格。

总的来说，冶金工程的资源分配和定价策略是一个复杂的过程，需要考虑多个因素和利益相关者，该过程需要深思熟虑，以确保所有的资源都被有效地利用，并且价格策略能够满足市场和消费者的需求。

3.3　冶金工程的利益关系

冶金工程的利益关系涉及其所能带来的各种利益和影响，包括可能涉及的各方利益相关者，可能出现的利益冲突和利益失衡，以及如何解决和协调这些利益问题。这种利益关系不仅体现了冶金工程的价值多元性，也挑战了冶金工程的公平和正义。可以从以下几个方面来分析和处理冶金工程的利益关系。

3.3.1　邻避效应

“邻避”一词在1977年被首次提出，英文缩写“NIMBY”（Not In My Back Yard），直译为“不在我后院”。然而，实际上，对邻避的研究可以追溯到更早的时期。早在1955年，就有国外学者指出，铁路的噪声污染、大气污染等负面影响已经引起周围居民的厌恶情绪。此后，学术界掀起了邻避研究的热潮，越来越多的学者开始研究邻避设施对周边环境的负面影响[6]。

冶金工程的邻避效应是指其运营会对其周边的环境和社区产生各种正面和负面的影响，例如噪声、污染、交通拥堵、就业机会、收入等。这些影响会如何改变周边居民和企业的利益和福利，以及冶金工程如何减少和避免这些负面的影响，增加和分享这些正面的影响。邻避效应是冶金工程的社会成本和社会效益的体现，也是冶金工程的社会责任和社会贡献的体现。处理邻避效应需要冶金工程的生产者和运营者根据其周边的环境和社区的特点、需求，制定和执行环境友好、社区和谐的生产和运营策略。同时，也需要冶金工程的监管者和评估者根据其周边的环境和社区的影响和反馈，制定和执行环境保护、社区参与的监管和评估政策，以实现邻避效应的最小化和最优化。

3.3.1.1 邻避效应的内涵

在公益项目的建设和运营过程中，邻避效应是一个无法回避的决策难题，这是在追求公共利益最大化和政策成本最小化的政府在建设法治政府的过程中必须面对的。自 21 世纪以来，“邻避事件”在各地时有发生，虽然看似偶然，但实际上是必然的。

从更广阔的视角来看[7]，邻避效应是我国经济社会在快速发展和转型过程中的客观产物。随着城市化和工业化的持续推进，涉及“邻避事件”的公共项目和重点产业项目也必然会持续发展，个体利益与集体利益，集体利益与社会公共利益之间的冲突和矛盾将随之而来。然而，一些地方政府的发展理念尚未适应新的形势和任务，长期以来形成的唯 GDP 论的发展观念，已无法有效解决“邻避事件”带来的发展困境。我们既不能因为困难而停止或放缓发展，也不能以发展的名义忽视公众的合理利益诉求，这已经成为一些地方各级政府在经济社会发展转型过程中必须面对的时代课题。

从微观层面看，邻避效应问题是政府现代公共治理决策机制和风险管控机制缺失或不完善的衍生结果。长期以来，一些地方政府仍习惯于传统的管理主义行政主导型决策方式，使得邻避效应所关联项目陷入“宣布上马—群众抗议—紧急叫停”的恶性循环。当前，邻避效应存在的突出问题，或是项目规划布局不够科学合理，或是项目违法违规开工建设，或是项目规划建设信息不够透明公开，忽视公众参与和利益关切，或是项目环境评估和风险评估流于形式等。问题的症结就在于有些地方政府“执政为民”的思想还不牢固，对影响群众切身利益的项目建设缺乏与时俱进的治理方法和手段，是好心办不成事，或是好心办了错事，其结果往往是公权力失去了公信力。

3.3.1.2 邻避效应的影响因素

邻避效应的影响因素分析是邻避研究的核心内容。主要包括环境、社区、经济和健康等方面的影响因素：在希腊，尽管当前的经济危机使得人们对于矿业活动能成为推动经济增长的主要动力有所期待，公众的接受度有所提高，但是人们对矿业的反应依然强烈。这主要是因为矿业活动可能会对环境产生负面影响，例如破坏景观、水污染、噪声、爆破震动、冶炼厂的泄漏以及矿物提炼过程中有毒物质的释放[8]。

对于冶金工业，一个项目的开展可能会改变社区的特性，如增加交通拥堵、破坏社区风貌等，这也可能会引发邻避效应。例如，一个大型冶金企业的建设可能会导致交通压力增加，或者一个冶炼厂烟囱的建设可能会破坏社区的风景等。如果一个冶金工程项目可能会导致房价下跌、生活成本上升等，那么人们往往会产生邻避效应。此外，健康无疑是人们最关心的议题之一，当一个冶金工程项目可能对人们的健康产生潜在的负面影响时，邻避效应往往会显现出来。例如，如果一家冶金企业的建设可能导致空气质量恶化，增加居民患呼吸系统疾病的风险，或者一条高压电线的建设可能提高居民患癌症的风险，那么人们通常会产生邻避效应。

信息不对称也是影响邻避效应的一个重要因素。如果人们对一个冶金工程项目的信息了解不全面，他们可能会对该项目产生邻避效应。例如，如果居民对一个项目的潜在影响了解不全，或者他们对一个项目的风险评估了解不全，那么他们可能会对该项目产生过度的恐惧和反对。

3.3.1.3　邻避效应的治理途径

国外对于邻避设施的研究涵盖了各种类型，如垃圾处理场、风能发电场、化工厂、危废处理设施、精神病院和监狱等，因此，解决邻避问题的策略也多种多样，主要包括经济补偿、政治补偿和生态环境补偿[9-10]。

经济补偿是缓解邻避效应的关键手段。有些地方简单地将利益与经济补偿等同起来，将为设施所在地建设的保健所、学校等公共设施视为建设利益共享体。然而，这种做法可能会引发“少数人因缺钱而闹事，一旦闹事就给钱”的恶性循环。因此，经济补偿应更公正、更公平，真正让周边居民感受到污染物处理成果的获得感。

政治补偿主要通过公众参与和政策变迁来缓解邻避效应。例如，地方政府应通过“法治”而非行政渠道来解决邻避问题，在项目开展之前进行充分的规划和调研，并鼓励公众参与。这样可以推动建设运营企业与设施周边居民形成利益共享体，增强设施周边居民对污染物处理成果的获得感。

生态环境补偿主要通过提高环境质量，减少污染物对周边环境和居民的影响，从而缓解邻避效应。例如，新建项目主要会改变污染的空间分布，在建设污染物处理项目时，应考虑环保利益，而不仅仅是经济补偿。这样可以增强设施周边居民对污染物处理成果的获得感，有效消除邻避效应。

3.3.2　冶金工程的社会成本

冶金工程的社会成本是指它的服务可能会对其所在的社会和国家带来的各种成本和负担，如资源消耗、环境破坏、安全风险和公共支出等。这些成本和负担可能会影响社会和国家的利益和发展。因此，冶金工程需要采取措施来降低和承担这些成本和负担。

冶金工程的社会成本不仅反映其社会效率和社会效果，也体现了它的社会责任和社会贡献。为了分析和处理冶金工程的社会成本，生产者和运营者需要根据其所在的社会和国家的特点和需求，制定并执行节约和循环的生产和运营策略。同时，监管者和评估者也需要根据其所在的社会和国家的影响和反馈，制定和执行规范和优化的监管和评估政策，以实现社会成本的最小化和最优化。

在冶金工程活动中，其社会成本可能包括环境污染的治理成本、资源消耗的成本、健康影响的成本和社会影响的成本。这些都是冶金工程需要考虑和处理的重要因素。

3.3.2.1　环境污染的治理成本

冶金工程活动可能会产生各种污染物，如废气、废水和固体废物。这些污染物可能对环境造成严重破坏，需要投入大量的资源进行治理。例如，废气可能需要通过高效的过滤系统进行处理，以减少有害物质的排放。废水可能需要经过净化处理，以防止对水资源的污染。固体废物可能需要进行安全的处置，以防止对土壤和地下水的污染。这些治理活动都需要投入大量的资金，这就是环境污染的治理成本。

此外，环境污染的治理成本还包括环境恢复的成本。如果冶金工程活动导致了环境破坏，如土壤侵蚀、水源污染、生态系统破坏等，那么就需要投入资源进行环境恢复。这可能包括植树造林、水源保护、生态修复等活动，该过程不仅需要投入大量的人力和物力，还需要长期的实践，因此环境污染的治理成本和环境恢复的成本较高。

3.3.2.2　资源消耗的成本

冶金工程活动通常伴随着大量能源和原材料的消耗。这不仅提高了生产成本，而且对社会资源供应产生了压力。例如，冶金工程可能需要大量消耗煤炭、电力和水资源。这种消耗可能会推高资源价格，从而影响其他行业和消费者的利益。此外，过度消耗资源可能会导致资源枯竭，对社会的可持续发展产生影响。这就是资源消耗的社会成本。资源消耗的成本还包括寻找替代资源的成本。如果某种资源被过度消耗，我们可能需要寻找替代资源。例如，如果煤炭资源被过度消耗，我们可能需要开发新的能源，如太阳能和风能等。这些新能源的开发和利用需要投入大量的研发资金，并可能面临技术挑战，因此资源替代的成本可能会非常高。

3.3.2.3　健康影响的成本

冶金工程活动造成的环境污染可能对人类健康产生深远影响。例如，空气污染可能引发呼吸系统疾病，水污染可能诱发消化系统疾病，而噪声污染可能导致听力损失等。这些健康问题可能带来医疗费用的增加，生产力的下降，甚至可能导致生命的丧失，这些都是健康影响的社会成本。

健康影响的成本不仅包括治疗费用，还包括预防措施的费用。例如，如果冶金工程活动导致了环境污染，可能需要进行健康检查、疾病预防和治疗等活动。这些活动需要投入大量的医疗资源，包括医生、护士、药品、医疗设备等，这些都是健康影响的成本。因此，环境污染的影响远远超过我们的想象，我们必须采取行动，保护环境，守护健康。

3.3.2.4　社会影响的成本

冶金工程活动可能对社区生活质量产生深远影响。例如，这些活动可能引发噪声和震动，对居民的日常生活造成干扰。此外，工程活动可能改变地形地貌，从而影响居民的生活环境。更严重的是，工程活动可能导致交通堵塞，影响居民的出行。这些都是社会影响的一部分成本。

社会影响的成本还包括社区发展的成本。如果冶金工程活动导致社区环境恶化，可能会阻碍社区的发展。例如，环境污染可能导致居民离开，商业活动减少，社区经济发展受阻。这就需要投入更多的资源进行社区建设和发展，这也是社会影响的一部分成本。

目前，在我国的建设实践中，往往只注重资金成本的管理，而对于社会成本的考虑则相对较少。现在社会上出现的环境问题、污染问题等，很大程度上就是由于人们在意识上缺乏社会成本的观念，从而导致行为上的不理性，因此需要更深入地理解和重视社会成本，以实现更可持续和公正的发展。

3.3.3 利益相关方

利益相关方是指与冶金工程服务相关的社会成员，他们的利益和诉求各异，他们之间可能存在各种利益关系和冲突。冶金工程需要识别这些利益相关方，并通过有效沟通来平衡和协调这些利益关系和冲突。利益相关方不仅是冶金工程价值共享和创造的参与者，也是冶金工程价值导向和价值多元化的体现。

处理利益相关方的分析和问题需要冶金工程的生产者和运营者根据其所在社会和国家的特性和需求，制定并执行开放、包容的生产和运营策略。同时，冶金工程的监管者和评估者也需要根据其所在社会和国家的影响和反馈，制定并执行参与、协作的监管和评估政策，以实现利益相关方的最广泛和最有效的利益共享和价值创造。这是冶金工程在社会和国家层面上实现价值共享和价值创造的重要途径。

生产者是冶金工程服务的提供者，他们的目标是提升产品、技术和信息的质量与效率，降低成本和风险，以增加收入和利润，从而提高冶金工程的竞争力和发展潜力。他们与其他利益相关方在价格、质量、数量、时间等方面存在利益关系和冲突，这需要通过协商和协调来解决。冶金工程的生产者和运营者需要根据市场供求、成本收益、风险评估等因素，制定和调整合理的定价策略。同时，冶金工程的监管者和评估者需要制定和执行合理的监管政策和评估标准，以确保价格的合理性、公平性和透明性。

消费者是冶金工程服务的使用者，他们的目标是获取高可用性和可靠性的产品、技术和信息，以满足他们的需求和期望，享受产品、技术和信息带来的价值和好处，从而提高使用和消费的效果和体验。他们与其他利益相关方在价格、质量、数量、时间等方面存在利益关系和冲突，这需要通过选择和评价来解决。冶金工程的生产者和运营者需要根据消费者的需求和期望，提供和优化产品、技术和信息的供给和服务。同时，冶金工程的监管者和评估者需要根据消费者的反馈和评价，提供和优化产品、技术和信息的监督和改进。这样可以确保冶金工程服务的质量和效率，满足消费者的需求。

合作伙伴是冶金工程服务的支持者，他们的目标是与生产者和运营者建立并维持良好的合作关系，分享和交换产品、技术和信息的资源，共同推动冶金工程的创新和发展，以实现和提高协同效应和价值。他们与其他利益相关方在资源、信息、创新、发展等方面存在利益关系和冲突，这需要通过分配和协作来解决。冶金工程的生产者和运营者需要根据合作伙伴的资源和信息，制定和执行开放和包容的合作策略。这样可以确保冶金工程服务的质量和效率，满足合作伙伴的需求。

竞争对手是冶金工程服务的竞争者，他们的目标是与生产者和运营者进行有效的竞争，以获取和占领市场和客户，超越和领先于产品、技术和信息的质量和效率，增加收入和利润，从而提升和巩固竞争力和市场地位。他们与其他利益相关方在价格、质量、数量、时间等方面存在利益关系和冲突，这需要通过比较和竞争来解决。冶金工程的生产者和运营者需要根据竞争对手的价格、质量、数量、时间等因素，制定和执行有竞争力的生产和运营策略。这样可以确保冶金工程服务的质量和效率，满足竞争对手的需求。

监管者是冶金工程服务的规范者，他们的目标是对生产者和运营者进行有效的监管，制定和执行产品、技术和信息的标准和规范，监测和管理产品、技术和信息的质量和效率，评估和补偿成本和风险，以保障和提高产品、技术和信息的安全性和持续性。他们与其他利益相关方在标准、规范、质量、效率、成本、风险、安全、可持续等方面存在利益关系和冲突，这需要通过制定和执行来解决。冶金工程的生产者和运营者需要根据监管者的标准和规范，制定和执行符合标准和规范的生产和运营策略。这样可以确保冶金工程服务的质量和效率，满足监管者的需求。

3.4 公正原则在冶金工程的实现

公平与正义这两个词汇在很多情况下可以互相替换，它们象征着人类社会在历史长河中对永恒价值的追求，体现了其崇高的地位。许多人坚信，正义是现代社会，甚至古代社会关系中的最高准则。美国著名政治哲学家、伦理学家约翰·罗尔斯（John Bordley Rawls）将其誉为“社会的基本美德”。他进一步阐释，正义不仅是更大构造的一部分，更是构成社会框架的核心。

罗尔斯将正义比喻为树的根，视其为社会制度的主导原则。正如树根为树提供营养和稳定性一样，正义构成了有序、公平的社会结构的基础。这个比喻突出了正义在塑造社会规范和制度中的重要作用。

追求正义并不局限于特定的时代或时间段，这是一个超越时代和文明的永恒努力。从古希腊哲学家对正义概念的思考，到现代人权活动家为平等和公正而战，正义的追求始终如一。此外，正义不仅是一个社会概念，它也与道德紧密相连。例如，联合国通过的《世界人权宣言》就是对全球公认的正义作为道德必要性的证明。它强调了国家在维护正义和确保所有个人的基本权利和自由方面的道德责任。

总的来说，正义不仅是社会追求或道德概念，它更是社会建立和进步的基石。它就像滋养社会树的根，使社会能够以有序和公平的方式生长和繁荣，这就是正义的力量。

3.4.1 基本公正原则

公正或公平也被称为正义，其本质是“应得的赏罚”。“应得”在抽象层面上是一种等同和对等的对待，但公正并不等同于平等，实际上，它也规定了不平等的程度。公正的基本理念是每个人都应得到他们应有的权益，对等同的事物进行等同的对待，对不等同的事物进行区别对待。当然，确定一个人应得的利益可以有多种方式，例如可以根据其行为、能力、品行或需求等各种标准来衡量。

在现实生活中，公正与效率的关系在冶金工程活动中尤为重要。公正关注每个人应得的权益，而效率则关注活动目标的实现。在冶金工程活动中，这两者之间的平衡尤为关键。

首先，科技的快速发展使得冶金工程活动影响到每个人的利益，因此，冶金工程活动必须坚持基本的公正原则。例如，在冶金工程项目中，所有参与者，无论是工程师、技术员还是工人，都应得到公平的待遇和报酬。实际上，基本的公正不仅是效率合法性的前提，也是长期效率的保证。这意味着，如果一个冶金工程活动不能保证基本的公正，那么它的效率就可能会受到质疑。反过来，如果一个冶金工程活动能够保证基本的公正，那么它的效率就有可能得到提高。

其次，公正是相对于特定社会环境而言的，不存在绝对的公正。由于必要的效率关乎全体公众和环境的福祉，因此，实现公正不应妨碍效率的合理提升。这意味着，我们不能因为追求公正而忽视效率。相反，我们应该在追求公正的同时，也考虑到效率的重要性。例如，在冶金工程中，我们需要考虑如何在保证公正的同时，提高生产效率，减少能源消耗，降低环境污染。这就是公正与效率之间的平衡。

在冶金工程活动中，公正与效率的追求可能存在一定的差距。然而，这种差距不应过大，以致无法弥合。如果出现这种情况，我们需要对这两个目标进行适当的调整，使它们能够在冶金工程活动的总体目标体系中达到一致。这就需要我们在实践中不断探索和理解，以找到最佳的平衡点。在追求效率的活动中，我们必须对创新者或有突出贡献者给予激励，这不仅是对效率的推动，也是公正的体现。这意味着，我们不能因为追求效率而忽视那些为冶金工程活动作出贡献的人。例如，对于那些在冶金工程中发明新技术、提出新方法的人，我们应给予他们适当的奖励和激励。

需要特别强调的是，公正问题总是以处于社会不利地位的人为出发点提出的，这也是他们的一项权利。在帮助弱者的责任方面，个人、集团和国家即使以道德手段使自己在世界上处于有利的、强固的和繁荣的地位，他们这样就已经阻碍了其他人或其他民族的经济发展或社会升迁，他们应对后者的匮乏负责并应利用他们所处的较好地位对这种情况加以改正。

在这方面，国际工程界已经开始形成共识，他们承诺把促进可持续发展、解决人类生存中遇到的各种问题（包括解决极端贫穷、防止经济生活的两极分化）作为自己的责任。例如[11]，2004 年在上海召开的第二届世界工程师大会通过的《上海宣言》明确指出：在消除贫穷、持续发展、实现联合国制定的千年发展目标的事业中，工程承担着重要的责任。宣言呼吁各国政府应当充分认识工程在社会经济发展、保障人们基本需求、消除贫困、缩小知识鸿沟、促进各种文化的沟通合作和消除冲突中的作用。在冶金工程领域，也应该积极响应这一号召。

总的来说，公正与效率在冶金工程活动中的关系是一个复杂且重要的主题，这需要在实践中不断地探索和理解。在追求效率的同时，也充分考虑公正的重要性，以实现冶金工程活动的总体目标。同时，也应该认识到，公正和效率并不是相互矛盾的，而是可以相互促进的，只有这样才能在冶金工程活动中实现真正的公正和效率，这就是所有冶金工程活动应该追求的目标，也是冶金工程师的责任和使命。

3.4.2 利益补偿

实现基本分配公正是一个极其复杂的过程，其基本实现路径是在追求不同利益和价值的个人和团体之间的对话基础上，形成具有普遍约束力的分配和补偿原则。这些原则在本质上是最基本的，因此可以将其称为底线原则，它反映了在当前时代文明程度下，面对工程活动中复杂的利益分配行为，具有不同伦理观念和道德水平的人群的伦理共识。实际上，这是通过程序公正来确保分配公正。为了在工程实践中实现基本公正，需要在工程项目过程中建立和完善以下几个方面的机制。

第一，在冶金工程项目的执行过程中，进行社会评价的重要性显而易见。这不仅包括对可能产生的社会影响的评估，还涵盖了对冶金工程项目本身的评估，以及提出针对性的改进建议。国际金融机构（如世界银行）已经建立了专门的部门来负责这项任务。这些部门会在项目执行过程中持续监控和评估其社会影响，并根据需要调整项目设计和执行策略。世界银行内部设有一个由多学科专家组成的独立咨询团队，负责处理与银行政策和操作不一致的投诉。同时，每个地区办事处都设有一个由当地员工组成的社会发展团队，负责协助执行该地区所有与社会相关的政策和操作。这种做法确保了项目的社会影响得到了充分的考虑和管理。

我国已在大型冶金工程建设中积累了丰富的经验。例如，宝钢集团和马钢集团等大型冶金企业的环境影响评价中涵盖了“社会影响评价”。这种评价使我们能够深入理解项目对社会的各种影响，包括经济、环境和社会等多个方面。总的来说，进行冶金工程项目的社会评价是确保项目总体效益的重要手段，它可以帮助我们尽可能地减少任何负面影响。在冶金工程中，我们还需要考虑如何有效地利用资源，减少废弃物的产生，以及如何通过技术创新来提高生产效率，这些都是我们在进行社会评价时需要考虑的重要因素。此外，我们还需要关注冶金工程对当地社区的影响，包括就业、经济发展以及环境保护等方面。

因此，进行冶金工程项目的社会评价是一项复杂而重要的任务，需要投入大量的时间和精力。这不仅是为了确保项目的成功，也是为了保护我们的社会和环境，为未来的发展打下坚实的基础。

第二，完善评估机制至关重要。首先，我们必须认识到科研项目在推动领域创新以及公正问题的实施方面的深远影响，这就需要我们引入一个全面而深入的评估机制。通常情况下，仅在项目结束时进行的工程经济分析是远远不够的，我们需要对经费效益问题进行深入的讨论和预测，这是在项目立项时就应该明确的。

工程经济分析得出的未来，实际上是对工程方案变化因素的详细考察的必然结果，需要进行精确的计算。财务和工程的结合，工程经济分析主要是为了描绘出未来的经费效果图，这就需要考虑到它们自有的不确定性（包括随机性和模糊性等）或者说预测与计算。项目的实际投资如何，这需要我们对项目进行后评价。后评价是指在项目已经完成并运行一段时间后，对项目目标、执行过程、效用和影响进行全面的评价分析，以此得出一种未来发展趋势。需要强调的是，后评价应该涵盖在项目执行时未能考虑到的各种有关影响因素（即外部性）。这样，我们才能确保我们的评估机制是全面而深入的，能够真实反映项目的全貌。这是一项复杂而重要的任务，需要我们投入大量的时间和精力。只有这样，才能确保我们的科研项目能够真正推动领域的创新，实现公正问题的期望加速实施。

在美国，许多科学家和机构都在进行类似的项目评估。例如，美国国家科学基金会（National Science Foundation，NSF）和美国国立卫生研究院（National Institutes of Health，NIH）是全球公认的规模最大、运行最成功的科研项目管理机构，他们的管理模式为科技计划的顺利推进提供了强有力的支持。他们的科研项目管理主要划分为五个精细化管理模块，包括选题制定、指南发布、评审立项、项目执行、项目评估。此外，劳伦斯伯克利国家实验室（Lawrence Berkeley National Laboratory，LBNL）也是全球顶尖的科研机构，他们在科技研发方面获得了近 4 万件技术专利，并先后发现和发明了多种元素和先进科研设施。

这些都是对科研项目评估的生动实践，为我国科研项目管理工作提供了宝贵的参考，也引领着科研管理领域的持续进步与创新。无论是在科研领域，还是在冶金工程领域，项目评估都是至关重要的一环。我们需要在项目启动阶段就制定出完善的评估机制，以确保项目的顺利推进和成功完成。同时，项目结束后的后评价也同样重要，它能帮助我们从中吸取经验，改进方法，为未来的项目提供宝贵的参考。

第三，在项目管理和科技创新的过程中，常常会专注于特定的目标群体，但这种做法存在一定的局限性。为了更全面地理解项目的影响力和可能面临的挑战，我们需要将视野扩大到所有可能影响项目成功或失败的利益相关者。利益相关者分析是一种强大的工具，它能帮助我们理解各方的期望、他们与项目的关系，以及他们之间的相互作用。此外，这种分析还能帮助了解利益相关者参与整个流程所需的能力和资源。

在项目的各个阶段，无论是设计、实施还是监测评估，利益相关者的积极或消极态度和行为都值得关注。应该包容并鼓励所有利益相关者积极参与，以推动项目的成功实施。例如，美国的贝尔实验室（Alcatel-Lucent Bell Labs）在开发晶体管和激光器等创新技术时，就广泛地考虑了各种利益相关者，包括科学家、工程师、投资者、政府机构等，这使他们能够成功地推动这些技术的发展。总的来说，利益相关者分析是提升科技创新能力的重要手段。通过扩大视野，不仅可以更全面地理解项目的影响和可能的挑战，也可以更有效地推动项目的成功实施。

3.4.3 利益协调

传统的冶金工程管理体系通常采用自上而下的科层制结构，决策过程主要由行政领导和精英主导，而公众的参与机会相对较少。在冶金工程的建设和管理过程中，我们的关注点主要集中在工程的建设阶段，而对于运营管理阶段的重视程度却相对不足。在评估冶金工程的效果时，我们常常过分强调经济效益，而忽视了社会效益的重要性。这种状况在冶金工程快速审批和启动的过程中，往往会引发许多未曾预料到的矛盾和冲突。

以宝钢湛江钢铁氢基竖炉系统项目[12]为例，该项目在环境影响评价过程中，充分体现了公众的参与。项目方在三个阶段进行了公示，包括环境影响报告书征求意见稿的公示等，这种方式不仅增强了项目方案的透明度和决策的民主性，也有助于赢得项目所在地的各利益相关者的理解、支持和合作，从而提高项目的成功率，保障公平，减轻不良社会影响。

再以德龙钢铁为例[13]，其文化园在129个候选案例中脱颖而出，荣获2022年十佳公众参与案例，成为唯一入选的钢铁企业。德龙钢铁文化园通过“三馆两场一中心”的方式，为游客提供了一个亲近钢铁、体验生活乐趣的平台。这个项目最终得到了社区的广泛支持，并且在运行过程中，也取得了良好的环保效果。这两个例子都充分展示了公众参与在项目实施中的重要性。

为了改变当前的状况，必须构建一个能够协调各方利益的机制，使广大公众能够参与到冶金工程的决策、设计和实施过程中。首先，需要确保公众的知情权，使他们能够全面了解冶金工程的性质、可能的影响、相关的风险以及实施项目的各种方式等信息。这就像在医患关系中，医生需要向患者详细解释病情和治疗方案，使患者能够做出知情的决定。其次，需要确保程序的公正性，让所有的利益相关者都能参与到冶金工程的决策、建设和运营过程中。例如，我们可以通过公开听证会、社区论坛等方式，让社区居民、项目业主、设计师等各方利益相关者都能够直接参与到决策过程中，表达他们的观点和立场，通过互动和协商，达成共识。

这个过程可能会比较长，需要多次的循环和迭代，但这样可以使各方的认知更加准确和成熟，有利于形成共同的理解，最终在冶金工程的选址、规划和设计参数等方面达成一致。这种参与式的方法不仅可以提高冶金工程项目方案的透明度和决策的民主性，也有助于获得项目所在地的各利益相关者的理解、支持和合作，提高项目的成功率，保持公正，减少不良的社会影响。

思 考 题

3-1 冶金工程的价值导向性体现在哪些方面？

3-2 如何确保冶金工程服务的可及性和普惠性？

3-3 冶金工程可能引发哪些利益冲突，如何协调这些利益冲突？

3-4 公正原则在冶金工程中如何体现？

3-5 利益补偿利益协调在冶金工程中分别起到什么作用？

参考文献

［1］张云峰．“双碳”目标背景下我国炼钢行业发展趋势分析［J］．现代工业经济和信息化，2023，13（10）：184-186.

［2］worldsteel. org. 2023 年世界钢铁协会数据［EB/OL］.

［3］鞍钢集团网站．截至 2023 年末鞍钢集团在岗职工概况［EB/OL］.

［4］窦光璐，白雪，庞凌波，等．首钢滑雪大跳台：结合工业遗产适应性再利用的冬奥场馆设计［J］．建筑学报，2021，（Z1）：42-47.

［5］张家港市冶金园（锦丰镇）．关于印发《冶金工业园（锦丰镇）全面推进乡村振兴 探索高水平率先基本实现农业农村现代化行动方案（2023—2025 年）》的通知［EB/OL］.

［6］程垦．产业开发区工业企业邻避效应及治理对策研究［D］．合肥：合肥工业大学，2023.

［7］中央党校厅局级干部进修班（68 期）“全面推进依法治国”研究课题组．“邻避效应”问题的成因及其对策［EB/OL］．人民网.

［8］Menegaki M，Kaliampakos D. Dealing with NIMBYism in Mining Operations［G］//Drebenstedt C，Singhal R. Mine Planning and Equipment Selection. Cham，Springer International Publishing，2014：1437-1446.

［9］王金海．人民日报绿评：以信任化解“邻避效应”［N］．人民日报，2018.

［10］中国循环经济协会．以综合治理破解邻避效应［EB/OL］.

［11］2004 年世界工程师大会上海宣言——工程师与可持续的未来 2004 年 11 月 5 日［J］．科协论坛，2004，（12）：40-41.

［12］广东省生态环境厅公众网．宝钢湛江钢铁氢基竖炉系统项目（一步）环境影响报告书受理公告［EB/OL］.

［13］中国钢铁新闻网．邢台德龙钢铁文化园成为河北“智慧景区示范点”［EB/OL］.

4 冶金行业建设项目的风险管理与职业伦理

课程思政

攀钢始建于1965年，1970年出铁，1971年出钢，是中国“大三线”建设的历史见证，是新中国钢铁工业建设的杰出代表。在当时遭受经济、技术封锁，国内条件十分艰难的情况下，党中央直接领导，调动全国人力、物力、财力，集中了我国最优秀的科技工作者、最优秀的冶金专家、制造专家、土建专家，汇集近10万人的建设大军，聚集金沙江畔，拉开建设攀钢艰苦卓绝的大会战。攀钢建设没有城市依托，而是依靠企业发展城市。建设之初的攀钢所在地乃不毛之地，生活和建设条件都极其艰苦，“三块石头架口锅，帐篷搭在山窝窝”“白天杠杠压、晚上压杠杠”是那时建设和生活的真实写照。建设者们自力更生，艰苦奋斗，一边设计、一边施工，战胜了没有水、电、路，没有住房，没有蔬菜，没有大型施工设备等种种困难，喊出了“不想爹，不想妈，不出铁，不回家，一心建设攀枝花”的口号，最终在不毛之地建起了一座现代化“象牙微雕钢城”。攀钢集团远景图如图4-1所示。

图4-1　攀钢集团远景图

彩图

4.1 冶金工程建设项目风险的评估

随着城市建设化进程的持续加速，我国工业领域也呈现出了蓬勃的发展态势。其中，冶金工业作为一个至关重要的组成部分，其地位日益凸显。通常情况下，钢铁的产量是衡量一个国家工业化水平的重要指标。随着经济水平的持续提升，市场对钢材的需求也在不断增加。为适应市场变化，必须高度重视冶金工业建设，以满足日益增长的钢材需求。

通过分析，可以发现冶金工程具有复杂性和多样性的特点[1]，其在生产过程中技术难度较高，相应地也存在较高的风险，并贯穿于冶金生产的各个阶段。除了冶金生产过程内部的复杂性和多样性带来的风险外，还受到外部因素的影响。例如，国家对产业发展的调整、节能环保的推行等因素都会对冶金业产生一定影响。为了推动冶金行业整体的发展以及减少冶金工程建设项目中的风险，加强质量管控是至关重要的。风险管控是确保工程安全、高效运行的关键环节，它涉及对生产过程中可能出现的各种风险因素进行识别、评估和控制，以预防事故发生，保障人员和设备安全。有效的风险管控不仅能降低事故概率，还能提高生产效率，减少资源浪费[2]。

4.1.1 冶金工程行业特征

冶金工程行业涉及金属的提炼、加工及合金制造，对原料、能源依赖性强，且生产过程复杂，技术要求高。以钢铁冶炼项目为例，主要包括高炉工业项目（炼铁）、转炉工业项目（炼钢）、原料厂项目、焦化项目、烧结项目、冷轧薄板项目等[3]。其行业特征主要可以涵盖为下述五个层面。

4.1.1.1 投资较大

冶金行业作为资金密集型行业，从矿山的开采到金属材料的加工都需要大量的资金投入，不仅包括初期的建设成本，还有运营过程中的持续投入，如购买和维护高精度的生产设备、技术研发等，这些投资为冶金工程项目的稳健发展提供了坚实的物质基础。

4.1.1.2 生产规模较大

冶金工程是一个庞大而复杂的系统工程，其工业体系完整且生产工艺流程较长，从金属矿石的开采到最终产品的加工，需要经过多个工序，每个工序都需要精细的管理和高效的操作，涵盖了人员、技术装备、手段和方法等多个要素，以确保生产的高效和安全。

4.1.1.3 技术和设备要求较高

冶金行业生产过程需要高精度的技术和工艺，以及高度专业化的设备，如熔炼炉、浇铸机等各种加工设备，以确保金属冶炼的效率和品质，这些设备必须符合严格的标准和规范，以确保操作的安全性和产品的合格率，并降低能耗和减少环境污染。

4.1.1.4 市场风险较高

冶金工业的原材料，如铁矿石、煤炭等，其价格会受到国际政治、经济等因素的影响而大幅波动，并将直接影响冶金企业成本。此外，冶金产品的需求与全球经济增长密切相关，当全球经济增长放缓时，对钢铁等冶金产品的需求量会明显减少，这直接影响企业的销售和利润，对于出口导向型的冶金企业来说，国际贸易政策的变化也会带来较大市场风险。

4.1.1.5 环保要求严格

冶金过程中产生的废气、废水和固体废物必须达到国家或地方规定的排放标准，以满足减少排放和提高能效的要求，实现可持续发展。此过程中往往需要运用多种治理手段进行综合治理，例如针对废气排放，可能需要采用除尘、脱硫、脱硝等多种技术手段进行处理。

4.1.2 冶金行业建设项目风险因素分析

工程，是人类智慧的结晶，总伴随着风险，这源于其独特的性质。不同于自然系统的和谐稳定，工程系统是人类需求驱动下的创新产物，它跨越自然、科学、技术、社会、政治、经济、文化等多重领域，是一个高度复杂且远离平衡态的有序系统。从普利高津耗散结构理论的视角来看，为了维持这一有序结构，系统需借助环境的熵增。这意味着，若缺乏对工程系统的定期维护与保养，或是受到内外部因素的干扰，它便可能从有序走向无序，无序即风险。因此，工程风险的存在是不可避免的。

工程风险的形成，其根源在于多样的不确定性因素。概括而言，这些因素主要包括技术因素的不确定性、外部环境因素的不确定性和人为因素的不确定性。深入剖析，技术因素的不确定性涵盖了零部件老化、控制系统失灵以及非线性作用等问题；外部环境因素的不确定性则涉及意外气候条件和自然灾害等挑战；而人为因素的不确定性则体现在工程设计理念的缺陷、施工质量问题以及操作人员失职等方面。这些复杂交织的因素共同构成了工程风险的多维画卷[4]。

4.1.2.1 冶金行业建设项目不同阶段的风险因素

A 实施准备阶段

施工准备作为建设项目顺利启动和进行的基石，通常涵盖工艺筹备、备件采购、人员组织以及作业区域构造四个方面。每方面都至关重要，且存在相应的风险点，需妥善规划和应对[5]。

a 工艺筹备——技术准备风险

技术准备风险是基于工程技术要求而客观存在的。技术方案、施工方法和检测手段都会带来各种各样的技术风险。

b 备件采购——物资准备风险

物资准备风险指的是施工材料备件对施工过程造成的影响，材料计划、采购合同以及设备清单都会带来物资风险。材料计划的不准确，可能导致施工过程中出现材料短缺或浪费；采购合同的不合理，可能导致采购的质量不符合要求或无法按时供应；设备清单的不完善，导致施工过程中出现设备缺失或损坏。

c 人员组织——劳动力准备风险

劳动力准备风险来源于施工人员的技术水平。人员的参差不齐，势必会造成工程质量的差异，同时也会对后期的维护修缮成本造成影响。

d 区域构造——施工现场准备风险

施工现场准备风险是指施工环境对工程完工质量也有着比较大的影响，通风、采光、供水、道路平整度等会引发施工现场类风险。

B 工程实施阶段风险

施工阶段是项目实施最为重要的阶段之一，先进施工技术的应用不仅仅只是构建虚拟的三维模型外观，而且还应包含所建立的模型构件的所有信息，如构件尺寸、材料、性质等构件信息属性，利用仿真软件来完成模型构件的最优化。施工时，借助可视化模型可清楚了解各个构件的信息以及其配置方式，减少施工沟通中存在的问题，可以有效地控制工期，也可大大减少无法预料及施工变更引起的额外成本增加。实施阶段风险主要是由下列多个层面的内容引起的。

a 组织管理

组织管理的风险主要源于多个关键环节的协同与配合。项目方的组织架构是否合理、业主是否提供了必要的配合和支持、监理单位的能力和匹配度、设计人员的专业技术水平以及施工单位的业务能力等因素，都可能对项目的顺利进行构成风险。此外，备件采购管理流程的规范性及效率也是影响项目整体进度和成本的重要因素。

b 施工计划

施工计划的风险主要来源于工期计划的制订是否科学合理、工器具的需求规划是否满足实际施工需要以及工具调度规划是否合理等。这些因素不仅会影响到工程的直接成本，还可能因为资源配置不当而导致工期延误或其他潜在的风险。

c 工艺流程

施工模式与工艺手段是判定作业水准的核心指标之一，其合规性与有效性直接关系到工程质量、效率和安全。该部分风险主要包括施工作业模式的选择是否恰当、钢结构设计是否符合规范要求、管道搭接形式是否合理可行、安装与调试环节是否严谨到位以及施工方法是否针对项目特点进行个性化设计和实施。

d 项目目标管理

项目目标管理表征的是整个合同执行过程中的管理水平与效果。监管模式是否科学有效、施工作业规范是否严格执行、作业模式的规范性是否得到保障、工期设定是否符合实际需求、后期保修机制是否完善以及全过程监管是否到位等因素，都是项目目标管理风险的主要来源。这些环节的把控力度和执行效果，将直接影响到项目的最终交付质量。

C 竣工验收阶段风险

验收过程是在建设项目完成后，对其整体布局、结构稳固性以及施工质量进行全面、严谨且定量的评估分析。这一阶段的重要性在于它不仅是确保项目符合设计要求、国家标准及行业规范的关键环节，也是决定项目能否顺利交付使用、避免潜在安全隐患、保障项目顺利进行。

a 验收准备资料

在验收阶段，完整的验收资料是验收工作得以顺利展开的基础。倘若验收文件数据存在缺失或不齐全的情况，必将对后续项目验收的顺利进行构成实质性阻碍，可能导致验收延期、无法通过验收或者需要重新组织验收等一系列问题。这不仅会占用额外的人力资源去补充和完善资料，浪费宝贵的时间成本，还可能因长时间无法完成验收而影响项目的正常投入使用，给项目带来不必要的经济损失，甚至影响项目的整体经济效益和社会效益。

b 验收计划的编制

验收计划的制定应当科学合理、切实可行，既要尊重项目实施的客观规律，又要充分考虑各方利益和实际需求。如果验收计划过于理想化或存在不合理之处，例如验收节点与实际施工进度脱节、验收流程过于烦琐复杂等，就可能导致原本有序的项目实施顺序被打乱，延误工期，甚至对项目的后期运营维护带来不可预估的风险和挑战。因此，制订科学合理的验收计划是保障工程项目顺利实施并成功交付使用的重要前提。

c 验收过程组织

在项目验收过程中，职能部门的有效组织与管理至关重要。他们不仅需要精心安排验收工作的各项议程和细节，确保验收流程顺畅无阻，同时还要积极协调各方参与验收工作的单位和人员，保证验收意见的公正性和权威性。倘若职能部门在验收过程组织上出现疏漏或不当之处，比如通知发布不及时、协调工作不到位、检查项目遗漏等，都可能导致验收工作无法在预定时间内完成，甚至可能给项目带来无法挽回的经济效益缺失，影响项目的长期发展和社会贡献。

4.1.2.2 大型冶金行业建设项目面临的风险

A 项目沟通存在缺陷，存在项目延误风险

大型冶金行业建设项目中存在沟通缺陷的问题。项目沟通在工程建设项目中发挥着重要的作用，实际冶金工程建设项目实施过程中，缺少项目沟通，无法保证工程建设项目的有序推进，还会对工程建设项目质量造成影响。其主要原因是重视度不够，并且缺少完善的项目沟通制度和管理体系，项目沟通存在无序、无针对性等缺陷。缺少项目沟通，不仅会影响工程建设项目的施工效率，还会延长施工工期，导致施工成本增加，不利于冶金企业的持续稳定发展[6]。

B 项目风险管理机制不够完善

大型冶金行业建设项目开展过程中容易受到多方面因素的影响，为了减少建设项目中存在的风险因素，要对项目实施范围严格控制和管理。实际工程建设项目开展过程中，对于项目范围控制力度不足，缺少严谨性和严格性，还会加深各类客观因素对工程建设项目的影响，从而导致建设项目效率降低，并引发多种风险问题。

4.2　冶金行业建设项目的风险防范

4.2.1　针对不同时期的风险进行防范

4.2.1.1　项目开展前期

A　工程模式

项目建设过程中，主要是采取调动个体资源的方式完成工程项目建设，目的是通过减少成本投入，提高建设项目经济效益。随着工程建设水平的不断提升，总承包模式成为冶金行业项目建设的主要模式，总承包模式是集工程设计、采购以及施工一体化的工程建设模式，与传统的工程模式相比，总承包模式需要投入较多的资金成本。由于冶金建设行业市场竞争较为激烈，总承包模式的应用会给企业造成较大的竞争压力。企业需要积极创新工程模式，使工程建设项目质量得到提升，增强企业的核心竞争力[7]。

B　利益估算

项目建设由于其独特的资金密集型属性，意味着企业在初期投入阶段就需要投入大量的固定成本，包括但不限于基础设施建设、设备采购、土地使用权等。为了确保产品达到规定的品质标准，企业往往需要在项目运行初期就保持较高的生产速度，这可能导致产能过剩的问题，即企业的实际生产能力超过了当前市场需求，从而造成生产资源的浪费和经济效益的下滑。与此同时，由于冶金行业的连续性和高耗能特性，运转不均的问题也尤为突出，这不仅会影响到生产效率和成本控制，还可能对企业的长期稳定运营带来挑战。

由于冶金建设行业、市场及施工工艺的特殊性，其成本风险既有与其他建设项目风险特征的共性，也有自身的独特性。冶金行业成本风险的基本特征见表4-1。为了改善这一现状，冶金企业在项目管理方面需采取一系列严谨而精细的措施。落实成本造价分摊是关键环节之一，企业应当建立一套完善的成本分摊机制，确保各个生产环节的成本能够准确、合理地分摊到每个产品上，这样才能真实反映产品的成本构成，为定价策略和成本控制提供有力依据。预算编制作为项目管理的基石，其科学性、合理性和可行性至关重要。预算不仅要符合项目的实际需求，还要充分考虑市场现状及未来发展趋势，做到既不过于乐观导致实际超支，也不至于过于保守而影响项目效益。此外，信息整合能力也是现代冶金企业管理中的重要一环。企业应及时收集、整理并分析各类与项目相关的信息，包括但不限于原材料价格波动、政策法规变化、技术动态等，以此为基础进行决策，并能根据市场变化迅速调整策略。

表4-1　成本风险基本特征[3]

基本特征	具体表现
客观性	风险的客观性是指风险是一种客观存在，是人们不能拒绝与否认的。同时表明风险是时时刻刻存在的，风险管理是不可能消除风险的

续表 4-1

基本特征	具体表现
结果双重性	风险不只是灾难的象征，风险中潜藏着大量的机遇，往往风险越高，其中蕴含的机会越大
不确定性	风险是由于客观条件不断变化产生的不确定性引起的，即风险因素是各种不确定因素的副产品
可预测性	虽然风险因素是不确定的，但一般遵从一定的概率分布，人们可以通过对历史统计资料加以整理、分析，从而对风险因素做出测量和衡量，即对风险因素进行定量化
对象性	对象不同，相应涉及的风险就会不同，例如，承包商和业主的风险就不同。再者，正如上面提及的，对象所拥有的信息量的不同也决定了风险的不同
环境性	环境是产生风险的根源，特定环境和特定期间决定了特定的风险
多样性	按照不同的分类原则，风险可被分解成不同种类的风险。例如，在工程项目领域，按项目环境要素进行划分，可分为政治风险、经济风险和自然风险等；而对项目的目标要素划分，则又可分为工期风险、费用风险和质量风险等
复杂性	冶金项目风险管理所要处理的成本风险要比一般项目复杂得多，风险大得多
社会性	项目风险管理所涉及的社会成员（利益相关者）多，关系复杂
集成性	从事工程成本风险管理是承包者从全过程（集成）的观点出发进行全局性的综合管理，而不是把各阶段或各个过程分割开来进行的项目风险管理
动态性	冶金工程建设项目成本风险随着项目建设的进行而发生变化，体现在成本风险影响因素指标数量的变化，成本风险影响因素指标概率的变化，成本损失后果的变化等
可转移性	冶金项目的成本风险是可以转移的。例如，设计技术风险，可能会产生施工风险；质量与工期风险不有效控制，最终会导致成本风险的出现
阶段性	每个阶段的风险因素是不同的，各种风险因素对工程成本的影响也是不同的，一般来说，项目决策阶段和设计阶段对工程成本风险的影响比较大

续表 4-1

基本特征	具体表现
集中性	对成本影响最大的阶段在决策阶段，而最容易出现成本风险的阶段是在项目实施阶段，虽然导致这些风险出现的原因有可能是在决策阶段，但是最终风险起作用会集中在实施阶段，所以在决策阶段对项目评估是尤为重要的，而在实施阶段成本风险管理的重点应该放到优化与控制上

4.2.1.2　项目规划阶段

A　风险控制

风险管理至关重要。需辨别重大风险并实现风险回避，终止风险较大的项目，避免损失。风险回避能直接处置风险，使工程项目完全免受影响，其他方法只能降低风险影响。预测风险时，应做好识别和评估工作，发现风险问题需采取措施解决，无法降低影响时考虑风险规避。

冶金工程建设项目实施过程中需要大量的资金投入，这大大增加了项目工程建设的风险，为了合理控制风险，需结合冶金企业的营利水平，设置金融机构，并协同商业银行跟进项目，控制资金成本投入，识别和判断经济活动中存在的风险问题，有针对性地制定风险防范措施和控制方案，保证项目工程建设资金投入的安全性。

质量干扰因素也应纳入风险控制工作当中，如施工人员专业水平、机械设备以及材料质量等，控制好质量干扰因素，降低干扰因素对项目工程建设的影响。风险识别是风险控制中的重要环节，准确进行风险识别，能够对项目中可能发现的风险问题进行判断，使其有针对性地制定风险控制措施。风险识别方法较多，如专家调查法、财务报表法、流程图法。专家调查法是向冶金项目建设专家或者是专业技术人员进行风险了解，针对可能遇到的风险制定合适的规避措施。财务报表法主要是通过检查分析与冶金工程建设项目类似项目的财务报表，通过观察财务报表数据，判断项目实施中可能出现的风险。流程图法需要绘制项目实施流程图，并在流程图模块中标注项目中可能存在的风险，从而达到风险管理的目的。风险控制过程中需要做好风险评价工作，对风险防控方案进行比选，从而选择最优的风险控制方案。风险评价需要对项目中不同风险问题的严重程度进行判断，并按照严重程度对风险问题进行分类，如果风险问题较多，应按照风险问题严重程度采取解决措施。

B　提高竞争性

冶金企业想要提高自身的核心竞争能力，就必须让冶金工程建设项目承包单位在规定时间内完成项目，且保证工程建设项目质量。加强对工程项目成本的控制，为各个项目阶段设置资金定额，合理使用资金。

4.2.1.3　项目实施期间

A　进场验收

冶金工程建设项目实施阶段，所有进场材料和设备都应具备合格证书、质检报告以及采购记录，完成相关检查工作后，管理人员需要对材料和设备进场日期、数量以及规格等内容进行详细记录，从源头上控制材料和设备的质量，达到规避工程建设项目风险的目的。组织监督管理人员对现场建材进行检查验收，如果建材未能通过监督管理部门的检查，不得将其应用于冶金工程建设项目当中。对工程项目建设中所使用的建材和配件，需要保证其符合冶金工程建设标准和要求的同时，还需要监督管理部门、施工单位及项目负责人三方共同进行检查验收，检查合格后才能将其投入工程建设当中，从而保证冶金工程建设项目质量。

B 质量意识

为了能够规避冶金工程建设中存在质量风险，冶金企业应定期开展培训教育活动，如邀请专家举办讲座、宣发施工规范手册等方式，主要围绕质量监督管理、设备操作、安全措施等方面内容开展教育培训，使管理人员和施工人员专业水平得到提升。同时，制定科学合理的考核体系，对管理人员和施工人员学习成效进行考核，并设置合适的奖惩制度，调动管理人员以及施工人员参与到学习中的主动性和积极性，使其形成良好的质量控制意识，规避工程建设中存在的风险。

C 明确责权

冶金工程建设项目中主要采取项目经理责任制对其进行管理，建设项目实施过程中能够保证管理工作效率的同时，对项目实施质量进行控制。项目经理责任制突出了经理在工程施工中的主导地位，项目经理需要做好监管、协调、组织等多项工作，保证项目管理目标能够有效落实。

4.2.2 针对不同问题的解决方案

4.2.2.1 技术应用程度不足

冶金工程建设项目施工过程中涉及的应用技术是非常广泛的，需要施工人员在施工过程中对施工技术有着更深层次的了解，根据不同的施工情况做出适当的选择。如果在施工过程中不能对施工技术进行合理的应用，就会给工程埋下不小的安全隐患。在炼钢厂吊车梁提升工程当中，根据作业活动的不同存在对应的危险因素。如汽车吊进场应由专人专职进行吊车指挥，用对讲机及时沟通，避免车辆及起重阶段造成伤害；在轨道拆除、制动系统拆除环节，作业人员的安全带问题及切割物、切割飞溅造成的风险是主要需要控制的风险；在吊车梁回落找正步骤中，容易出现吊装构件脱钩、滑落风险，沟通信号不畅也会造成操作伤人事故，故要划好禁区，在吊车梁下进行钢网设置[2]。

解决方案：培训专业人才，提升应用水平。当前冶金行业的技术水平并不差，但由于没有专业的人才来对这些技术进行合理的应用，不能够真正地发挥出这些技术的实际效果，所以必须培养一批专业人才来提升运用技术水平。

(1) 资金投入。企业的领导者一定要注重资金方面的倾斜，使在开展培训工作的过程中有着充足的资金支持，同时要让专业人员全身心地投入技能的学习之中，并为专业人员的学习提供保障。

（2）要具体地分析当前阶段专业人员有哪些方面能力是不足的，以便于有针对性地开展一些培训措施。例如部分专业人员对于自身工作的认知并不清晰，所以说在开展培训工作时，如果缺乏明确的培训目标与方式，会直接影响人员的培训效果。

（3）要好好地培养专业人员的责任意识，只有让这些专业人员拥有足够的责任心才能够保障最基本的工作质量，才能够降低开展施工工作过程中的安全风险。

4.2.2.2 高空作业安全问题

在冶金工程建设项目施工过程中，高空作业是常事。施工人员在工作中一旦出现操作失误，或者是工作疏忽，很容易使得工作人员从较高的平台坠落。虽然在操作平台设置了围栏，但大部分的高空作业施工过程中都需要施工人员在施工的时候探出围栏才能够完成任务，这样将会大大增加施工人员的人身安全风险。在施工中，需要进行钢架结构搭建以满足施工人员作业需求，而整个钢架结构安装施工要求，需要工作人员完成一系列的细节操作，才能够保证最基本的施工质量，在这个过程中稍有不慎将造成施工人员的人身安全问题。吊车梁提升都是高空作业，作业人员必须严格按照操作规程进行操作。在短柱安装焊接作业中，作业人员的切割飞溅和切割物掉落及安全设施是重要控制内容，必须在作业正下方进行警戒区设置，且在钢柱上进行水平安全绳的固定，利用双挂方式为作业人员配置安全带等。

解决方案：加强安全意识，注重高空防护。为了保证工作人员在开展高空作业过程中的安全性，一定要从多个方面来分析出现安全问题的原因，并且提出一些具有针对性的解决措施。只有对相关人员生命安全进行有效保障，才能够让他们全身心投入后续的施工作业当中。首先就是要提高工作人员在开展高空作业过程中的安全意识，以及工作人员自身的综合素质。因为高空作业是一项非常危险的工作，所以在对工作人员进行选择时，一定要进行合理的筛选，筛选出一些工作能力较强、动手能力较强的工作人员开展高空作业，并且一定要做好事先的培训工作。不仅要求高空作业的工作人员有较高的工作能力，还要求其对自身的工作有清晰的认知，知道自身工作的危险性，只有将工作过程中的风险问题展现在工作人员面前才能够增强他们的安全防护意识，才能够尽可能地消除工作过程中所存在的安全隐患。例如可以选择开展自身安全技术大比拼活动来帮助工作人员了解在工作过程中所需要的基本安全知识，还可以适当地增加技术比拼活动奖金的方式来激发工作人员参与安全知识比赛活动的参与热情。

4.2.2.3 施工设备质量问题

冶金工程建设项目施工过程中对于施工设备的应用是非常频繁的，且不是定点应用，需要根据不同的施工要求做出不同区域之间的搬运，不仅要对施工设备进行正确的拆卸，更要进行正确的安装。在这个过程中如果不注意细节，易引发不必要的安全问题。尤其是对于一些大型设备的钢架结构，施工过程中需要注意的方面也是非常多，工作人员要对吊车周边环境进行严格管控，不可停留无关人员。但是在实际作业过程中，部分工作人员并没有做好仔细的警戒工作，忽视了自身工作的重要性。还有施工人员在进入现场后没有穿戴完备的安全防护用具与装备，或者在购买防护用具时，由于过于注重成本控制而忽视了产品的质量与性能，单纯地按照便宜的价格进行购买，埋下安全隐患。有些工作人员未能充分认识到防护设施用品的重要性，在使用防护设施用品的过程中，未能按照相关规定进行使用，甚至在使用完毕后随意丢弃，导致了不必要的资源浪费。

解决方案：提升设备质量，做好安全保障。防护设施是保障施工人员人身安全的重要防线。现阶段市场上拥有种类繁多的防护设施或设备，但是它们的质量良莠不齐。为了保证施工现场人员的安全，就需要在采购各种类型的防护设施或设备时，对整个采购过程进行全面质量控制，力求优选高质量的安全防护设备或设施。需要对整个采购过程中可能出现的以假充真、以次充好等乱象进行监管，一旦发现采购人员出现以次充好等违规采购行为，或者其他不合规采购行为，都需要进行惩治。还要对这些采购人员进行培训，要求采购人员必须对不同质量的产品有最基本的辨别能力，要求采购人员能够购买最适合自身企业施工的产品。同时对这些防护设施用品要进行定时维护或者是定期更换，保证工作人员在使用防护用品时的安全性，从而为企业创造更多的收益，进而提升冶金工程建设项目的整体质量。

4.2.2.4 缺乏专业管理人才

虽然我国冶金行业建设发展十分迅速，但是随之而来的问题就是严重缺乏能够紧跟行业发展的专业安全管理人才。大多数的安全管理人员都是从其他行业转业过来的，所以说并没有足够专业对口的安全管理人才来对整体的施工过程进行安全管理。部分施工单位可能也会对安全管理人员进行专业化的培训，但由于缺少具备丰富管理经验的专业人士指导培训，导致最终的培训效果受到严重的影响，使这些经过培训的人员在实际工作中仍然会出现一些不可避免的施工安全问题。

解决方案：培训管理人才，提升管理标准。(1) 要培训出一批专业的管理人才，以便对冶金的整体施工过程进行管理。在施工的过程中如有优秀的管理人员进行带领，可以最大限度地提高整体的施工质量，帮助工作人员解决一些工作过程中所出现的问题，同时也能够及时检查施工过程中所存在的安全隐患。这些管理人员对施工过程中工作人员的工作行为进行监管，维持施工现场的规范化以及秩序化，使得施工现场能按照事先规定的工作流程开展相关的工作。(2) 要严格规定施工现场的管理制度以及管理标准，提高管理人员的管理质量以及管理效率。如果在管理的过程中没有高标准的规章制度，就会大大降低管理人员在管理过程中的权威性，只有让管理人员依照相关的规定开展管理工作，才能够保证工作人员认真听取管理人员的指导要求与建议。(3) 公布企业的生产规章制度，设立相应的责任制度。这样在每一片区域出现问题的时候，就能够快速准确地找到相关责任负责人。

4.3 冶金工程师的伦理责任

伦理责任问题一直以来都是工程伦理研究领域关注。国内研究集中在经济、社会及伦理责任意识培养方面。经济伦理责任被视为重要组成部分，重视经济伦理有助于实现企业的长远发展。同时，企业的一切行为旨在实现经济目标，需采用技术、管理和伦理手段。

工程企业行为复杂、不确定、高风险，需深入研究经济伦理责任。社会伦理责任对提高企业信誉和知名度至关重要，从而实现长期可持续发展。工程项目规模大、影响力强，工程企业需完善社会伦理责任体系。提高伦理责任意识是改善企业道德水平的关键，通过内部教育和外部监督提升。工程企业涉及专业多，需更多方式提升伦理责任意识。国外研究从个人和企业的角度分析了道德的作用和不道德行为产生的原因，认为道德是企业伦理责任的基础[8]。

4.3.1 何谓伦理责任

4.3.1.1 对责任的多重理解

责任是人们生活中经常用到的概念，它不专属于伦理学，许多学科（如法学、经济学、政治学、社会学等）都涉及和关注责任问题，因此人们对责任的理解呈现出多维度、多视角的状况。在责任的分类上，按照性质可以分为因果责任、法律责任、道义责任等；按时间先后可分为事前责任和事后责任；也可以按照程度把责任区分为必须、应该和可以等级别。不论何种类型的责任，都会包含如下几个要素：

（1）责任人，即责任的承担者，可以是个人或法人；

（2）对何事负责；

（3）对谁负责；

（4）面临指责或潜在的处罚；

（5）规范性准则；

（6）在某个相关行为和责任领域范围之内。根据这种分析，可以把责任界定为“按照对一种行为或其结果的预期而追溯原因的关系系统”[4]。

责任在当下的伦理学中已凸显为一个关键概念，这与当今社会的时代特征是息息相关的。当今社会是一个科技高度发达的时代。科技越发达，人类改造世界的能力就越大，其自由度也就越大。科技进步带来的许多问题是人类有限的理性无法预期和控制的，“现代科技的行动能力所具有的集体性与累积性，使得行动的主体不再只限于有意志决定的个人（或有组织的团体，如法人等），而行动的结果透过科技附带效应的长远影响，也已经不在人类目标设定或可预见的范围之内”。因此，科技进步带来的新型责任是“未来责任”和“共同责任”。它所带来的伦理问题也是传统伦理学无法应对的，责任变得比以往任何时代都更为复杂和尖锐。

德国社会学家马克斯·韦伯（Max Weber）首先提出了“责任伦理”的概念，对“信念伦理”与“责任伦理”进行了区分，并强调责任伦理在行动领域里的优先地位。真正把“责任”范畴引入伦理学，并建构理论化的“责任伦理”体系，是德国学者汉斯·尤纳斯（Hans Jonas）。他在1979年出版了《责任之原则工业技术文明之伦理的一种尝试》一书，在该书中，他论证了为何保全人类与自然的可持续发展是未来责任的终极目标，并提出了这样一个核心观点，即道德的正确性取决于对长远未来的责任性。如果说尤纳斯的责任伦理学主要关注的是“未来责任”的话，那么德国哲学家卡尔·奥托·阿佩尔（Karl-Otto Apel）则主要关注和回答的是如何应对“共同责任”的问题。通过

"对话伦理学"的建构，深入地阐释了为何沟通共识本身即是我们共同负责解决实践问题的最终理性基础。

4.3.1.2　伦理责任的含义

综上所述，责任范畴不仅仅属于伦理学领域，它只有在与道德判断发生联系的时候，才具有伦理学意义。要澄清伦理责任的内涵，可以通过与其他责任类型相比较的方式进行。首先，伦理责任不等于法律责任。法律责任属于"事后责任"，指的是对已发事件的事后追究，而非在行动之前针对动机的事先决定，而伦理责任则属于"事先责任"，其基本特征是善良意志不仅依照责任而且出于责任而行动。"专由法律所规定的义务只能是外在的义务，而伦理学的立法则是一般地指向一切作为义务的东西，它把行为的动机也包括在它的规律内。单纯因为这是一种义务而无须考虑其他动机而行动，这种责任才是伦理学的，道德内涵也只有在这样的情形里才清楚地显示出来。"另外，相对于法律责任而言，伦理责任对责任人的要求更高。法律责任是社会为社会成员划定的一种行为底线，但是仅靠法律责任还不能解决人们生活中遇到的所有问题，人们还必须超越这个底线，上升到更高的伦理责任的要求。

伦理责任也不等同于职业责任。职业责任是工程师履行本职工作时应尽的岗位（角色）责任，而伦理责任是为了社会和公众利益需要承担的维护公平和正义等伦理原则的责任。工程师的伦理责任一般说来要大于或重于职业责任。如果工程师所在的企业作出了违背伦理的决策，损害了社会和公众的利益，简单恪守职业责任会导致同流合污，而尽到伦理责任才能够切实保护社会和公众的利益。职业责任和伦理责任在大多数情况下是一致的，但在某些情况下则会发生冲突，比如工程师在知道公司产品存在质量问题并有可能对公众的生命财产产生威胁时，他是应该坚持保密性的职业伦理要求，还是遵循把公众的安全、健康和福祉置于首要地位的社会伦理责任要求，这就需要工程师在职业责任和伦理责任之间进行权衡。

4.3.2　冶金工程师的伦理责任主体

4.3.2.1　个人的伦理责任

与人类其他活动相比，工程活动有着独特的知识要求。工程师们作为专业人员，具有一般人不具有的专门的工程知识，他们不仅能够比一般人更早、更全面、更深刻地了解某项工程成果可能给人类带来的福利，同时，他们作为工程活动的直接参与者，比其他人更了解某一工程的基本原理以及所存在的潜在风险，因此，工程师的个人伦理责任在防范工程风险上具有至关重要的作用。

工程师在防范工程风险上具有不可推卸的伦理责任，即工程师应有意识地思考、预测、评估其所从事的工程活动可能产生的不利后果，主动把握研究方向；在情况允许时，工程师应自动停止危害性的工作。除了在本职工作范围内履行伦理责任以外，还要利用适当的途径和方式制止违背伦理的决策和实际活动，主动降低工程风险，防范工程事故的发生。

以各大钢厂发生的事故为例，如果从事设计和生产方面的工程师能够尽职尽责，努力消除安全隐患，避免出现重大事故；在发现存在严重质量问题和重大风险时，主动向上级决策部门反映；必要时向公众说明可能存在的问题的真实情况和风险，他们的“出场”就有可能化解工程安全引发的社会问题，进而消除公众对该项目的理解和接受上的偏差。

4.3.2.2　冶金行业的伦理责任

之所以提出行业的伦理责任，是因为现代冶金工业在本质上是一项集体活动，当风险发生时，往往不能把全部责任归结于某一个人，而需要行业整体共同承担。工程活动中不仅有科学家、设计师、工程师、建设者的分工和协作，还有投资者、决策者、管理者、验收者、使用者等利益相关者的参与。他们都会在工程活动中努力实现自己的目的和需要。因此，责任的承担者就不仅限于工程师个人，而是要涉及包括诸多利益相关者的共同体。

工程活动的多方参与性也造成了现代工程的“匿名性”和“无主体性”。现代工程和技术都是复杂系统。在这种高度复杂系统中，组织化的作用要远大于个人作用，而其中潜藏着的巨大风险很难归结为某个人的原因。此外，工程社会效果具有累积性，而且这种累积还是不可预见的。比如转基因技术，不经过长时间的观察，人类当下无法对它的危险系数进行判断。这些都使得由谁来承担以及如何承担起这种责任的问题变得格外复杂。所以，必须在考虑工程师个人伦理责任的同时，探讨工程共同体的伦理责任。

工程事故中的共同伦理责任是指工程共同体各方共同维护公平和正义等伦理原则的责任。这种责任不是指他们共同的职业责任，不是说有了工程事故后所有相关者都要责任均摊，而是强调个人要站在整体的角度理解和承担共同伦理责任，通过工程共同体各方相互协调承担共同伦理责任，积极主动履行共同伦理责任。承担共同伦理责任的目的在于，从工程事故中反思伦理责任方面的问题，提高工程师群体的社会责任感和工程伦理意识，形成工程伦理文化氛围。

4.4　冶金工程职业伦理

4.4.1　职业伦理责任

根据《牛津肖特词典》的解释，所谓“职业”是指一个人“公开声称”成为某一特定类型的人，并且承担某一特殊的社会角色，这种社会角色伴随着严格的道德要求。职业活动区别于非职业活动的特征在于：第一，进入职业通常要求经历一段长期的训练时期；第二，职业人员的知识和技能对于广大社会的幸福是至关重要的；第三，职业通常具有垄断性或近似于垄断性；第四，职业人员通常具有一种不同寻常的自主权；第五，职业人员声称他们通常受到具体的伦理规范的支配[4]。

职业伦理，相较于个人伦理与公共伦理，具有其独特的内涵。它是职业人员在特定领域内，所秉持的一套行为准则。个人伦理源于个人的内心信仰与生活经验，而公共伦理则是社会大众共同认可的行为规范。虽然这三种伦理各具特色，但它们在现实生活中往往相互交织。冶金工程师的职业伦理常见问题主要涉及责任、诚信、公正和利益冲突等方面，见表 4-2。在应对职业伦理问题时，冶金工程师需认识到风险评估的复杂性，同时应关注到可接受风险的定义在社会公众与专业人士间的差异性。此外，工程师还需明确自己在风险管理中的法律责任，确保自身行为符合法律要求。总之，工程师的伦理责任要求他们在应对风险时保持敏锐的洞察力、严谨的态度以及高度的责任感。

表 4-2　工程职业中常见伦理问题

义务客体	工程伦理主题	义务客体	工程伦理主题
个人	因循苟且问题	承包商	围标问题
	公物私用问题		抢标问题
	违建问题		工程安全问题
	执照租（借）问题		工程品质问题
	身份冲突问题		恶性倒闭问题
同事	主管领导问题		合约管理
	对安排部署的服从问题	专业	对职业的忠诚问题
	利益冲突问题		知识产权问题
	争功诿过问题		胜任资格问题
业主/客户	人情压力问题		隐私权问题
	绑标问题		业务机密问题
	利益输送问题		业务能力与水平的提升问题
	贪渎问题	雇主/组织	对雇主的忠诚问题
	机密或底价泄露问题		兼职问题
自然环境	工程污染问题		文件签署问题
	生态失衡问题		虚报及谎报问题
	资源损耗问题		侵占问题
承包商	合约签署问题		银行超贷问题
	据实申报问题	人文社会	黑道介入问题
	据实陈述问题		民代施压问题
	业务保密问题		利益团体施压问题
	知识产权归属问题		不法检举问题
	一般赠予与馈赠问题		歧视问题
	收受回扣问题		公共卫生安全
	合约签署问题		社会秩序

4.4.2 如何对待冶金工程职业伦理

以人为本是工程企业必须遵循的首要的伦理原则，它肯定了人在社会发展过程中的主体地位及作用，贯穿着“人不是手段而是目的”伦理思想，它以实现人全面而自由的发展为目标，体现着对人（特别是对弱势群体）的尊重与关怀。所谓尊重人就是既要尊重每个人的价值，也要承认每个人的差异，把人看作一切活动的目的而不是实现自身目的的手段，尊重人的理性思考和主体地位。所谓关怀人就是关心人的生存与发展，尤其加强对弱势群体利益诉求的关注，关注人性，关心人丰富多样的个体需求，关怀人的精神生活等[9]。以人为本既是工程企业首先要遵循的一项基本原则，同时也是工程企业在生产经营中的一种价值取向和思维方式。

4.4.2.1 不断修正、反思和学习

冶金行业现在面临着体量大、高端产品欠缺的问题，在这种形势下，循规蹈矩、按部就班的学习和生产模式已经不能适应市场发展的需要。冶金工程人才需要具备精益求精的精神，寻求我国冶金生产技术与国际先进水平之间的差距，在大量传统生产经验和科研基础之上，不断地进行修正、反思和学习，找出问题并解决问题，适应冶金工程活动的多样性、多元性和多变性。市场和行业发展的需求在某种程度上也引导着冶金工程师的培养目标和定位[9]。

4.4.2.2 工程伦理和工匠精神

新时代冶金工程专业新工科人才培养过程中，工程伦理意识和工匠精神是极为重要的两个方面。工程伦理并非法律规则，而是道德规范和伦理原则，强调以人为本，关注冶金工程活动的安全性和可靠性，确保冶金生产质量过关，提倡冶金工业生产与自然环境和谐发展、可持续发展和平衡发展。冶金生产存在两个显著的特点：作业环境恶劣和有害物质排放。冶金工程活动极为复杂，工作人员时常面临高温、高压、有害气体等恶劣环境，为了保证工作人员生命安全和生产活动的顺利、可持续进行，生产设备和生产管理的高标准、规范化就显得尤为重要。对设备及时进行更新维护、对废水废气废渣净化处理后进行排放或再利用，一方面要保证工作人员的生命安全和健康，另一方面也要保护环境，寻求冶金行业的绿色可持续发展道路。工匠精神则体现的是新工科人才爱岗敬业，积极进取，一丝不苟的专业精神。

4.4.2.3 学科知识交叉融合

学科知识交叉主要表现为基础性、交叉性、融合性和应用性四个特点。一方面，新时代冶金工程专业新工科人才需要具备学习冶金学科和相关学科基础知识的能力和条件，善于找到各类学科知识的共同点和联结点，培养发散思维；另一方面，还需要能够将各类学科基础知识融会贯通，互相交叉、渗透和指导，在面临复杂冶金工程问题时，突破专业壁垒，加强实践，具备分析和解决问题的综合素质。

4.4.2.4 创新精神

创新是时代发展的力量源泉，也是新时代冶金工程专业深化改革和转型的重要驱动力。冶金工程专业新工科人才需要不断增强创新意识、解放思想、活跃创新思维、提高创新能力，将理论知识、工程实践和创新思维三者相结合，才能紧跟冶金工程智能制造时代的发展脚步，实现自己的人生价值。新时代中国冶金工程的变革和发展，只有拥有具备创新能力的新工科人才的支撑，才能焕发生机，实现快速转型，从容应对复杂的国际竞争和挑战。

4.4.2.5　复原能力

复原能力是指人类个体在面对逆境、失败、危机或其他重大压力条件下的一种良好的适应能力，也是一种应对困难经历的恢复能力。新时代冶金工程专业新工科复合型人才的培养，不仅需要注重个体对冶金工程专业知识的掌握和创新程度，更需要注重其面临冶金生产工作或科学研究的逆境、失败、挫折时，能够及时调节和化解负面情绪，经受考验、坚定信念，通过冷静接受眼前的事实，尽可能利用身边一切资源应对困境，解决问题。

思考题

4-1　冶金工程建设项目可能面临哪些风险，如何评估这些风险？

4-2　在冶金工程中如何针对不同时期的风险进行防范？

4-3　冶金工程师的伦理责任包括哪些方面？

4-4　如何理解并践行冶金工程的职业伦理？

4-5　在风险管理中，如何平衡经济效益和伦理责任？

参 考 文 献

[1] 仲莹．浅谈冶金工程质量管理与改进［J］．冶金管理，2021，(23)：136-137.
[2] 那显松．冶金工程中的施工安全问题及对策研究［J］．现代盐化工，2023，50（6）：43-45.
[3] 尹志国．冶金工业项目绿色建造技术与成本风险管理研究［D］．西安：西安建筑科技大学，2014.
[4] 李正风，丛杭青，王前．工程伦理［M］．北京：清华大学出版社，2016：5-34.
[5] 党飞．大型冶金工程建设项目施工风险管理研究［D］．成都：西南交通大学，2017.
[6] 马霖．大型冶金焦化工程建设项目风险管理［J］．冶金与材料，2023，43（5）：130-132.
[7] 徐磊，李伟涛．大型冶金工程建设项目风险管理研究［J］．冶金与材料，2022，42（2）：189-190.
[8] 邹埕鸯．中国工程企业伦理责任问题研究［D］．武汉：武汉理工大学，2022.
[9] 周祖城．企业伦理学［M］．北京：清华大学出版社，2020.
[10] 刘成松，刘晓芹，张华，等．面向新时代的冶金工程专业新工科人才培养模式探讨［J］．高教学刊，2023，9（26）：145-149.

5 冶金工程的环境伦理与生态责任

课程思政

2023 年 12 月 23 日，宝钢湛江钢铁百万吨级氢基竖炉项目进行热负荷试车。该项目区别于国际上采用天然气制备还原工艺气体的常规手段，采用了中国宝武全球首创的“多气源直接加氢零重整直接还原竖炉”Hyresp-100 工艺技术，该工程是中国国内最大、世界首套采用氢气气源的氢基竖炉，是我国百万吨级氢基直接还原炼铁技术零突破。该项目通过贯通富氢气体净化、氢基竖炉还原、二氧化碳捕集、直接还原产品冷却等绿色短流程，形成“CO_2 捕集”“直接还原焦炉煤气精制”“工艺气体灵活调配”“CDRI 产品处置及应用”等系列领先技术的创新应用。据测算，项目投产后对比传统铁前全流程高炉炼铁工艺同等规模铁水产量，每年可减少二氧化碳排放 50 万吨以上，当使用氢气比例提升至 90%时，比高炉长流程碳减排 90%以上。与传统碳冶金相比，氢冶金可以使炼铁摆脱对化石能源的依赖，从源头上解决碳排放问题。中国首套百万吨级氢基竖炉建成投产如图 5-1 所示。

图 5-1　中国首套百万吨级氢基竖炉建成投产

彩图

5.1　环境问题的由来

在新石器时代后期，人类直接利用天然金属或简单的冶炼金属，对自然环境的影响甚微。在此后直至进入现代工业文明阶段之前，虽然冶金技术有了长足发展与进步，但在这个阶段内人口数量不大，加上工业发展水平低下，社会生产力不高，金属的需求量不大，冶金生产活动对自然环境的冲击仍然很小，基本没有出现环境污染与生态破坏，人类与自然环境仍处于和谐状态。进入工业文明阶段（历时 250 年左右），社会生产力极大发展，金属的需求量急剧增大，人类开采资源、冶炼金属的技术也获得了空前发展，而人与自然的冲突也日益加剧，这一阶段社会物质财富虽有迅速提高，但资源也被过度开采，冶金废弃物排放大大增加，环境污染日益严重，生态环境也以前所未有的速度遭到破坏。进入 20 世纪后，气候变暖、臭氧层空洞、生物多样性减少、水资源短缺、土地沙漠化和酸雨污染等环境问题的暴发，也映射出冶金工业对环境的影响[1]。

5.2　冶金行业存在的环境问题

冶金行业作为国家基础性建设的行业，一定程度上影响着国民经济的发展，但与此同时冶金工业的发展总是带有高污染、高排放、高浪费等一系列生态环境问题的标签，随着国家对环境生态的保护日益严格，冶金工业在生态和环境中面临着许多问题，具体如下。

5.2.1　废气排放与污染

在冶金生产过程中，常常伴随着大量废气的产生。这些废气中往往含有二氧化硫、氮氧化物、颗粒物等有害物质，对空气质量造成严重影响。长期排放未经处理的废气，不仅会导致大气污染，还可能引发酸雨、温室效应等环境问题。冶金过程中，尤其是在高温冶炼和熔炼环节，会产生大量的有害气体。这些气体包括但不限于一氧化碳、二氧化碳、硫化氢等。这些气体如果未经处理直接排放到大气中，不仅会造成大气污染，还可能对人类和其他生物的健康产生负面影响。

5.2.2　水资源消耗与污染

冶金生产过程中需要大量用水，这导致水资源的消耗增加。我国水资源丰富的同时但人均水资源却极少。同时，生产废水如果未经妥善处理就直接排放，将严重污染水环境，对水的生态造成破坏。此外，废水中的重金属离子还可能对土壤和地下水造成长期污染。冶金废水污染是造成我国水环境污染的主要污染源之一。虽然在治理下取得一定成效，但尚未得到根本控制。矿石开采、选矿、钢铁冶炼和轧制，有色金属冶炼加工和建筑材料生产等一系列过程，每一种生产都产生水量大小不一、水质差异性很大的一种或多种废水，导致水污染。

5.2.3 固体废弃物处理

冶金工业产生的固体废弃物包括炉渣、矿渣、废金属等。这些废弃物如果不加以合理处理，将占用大量土地，并对土壤和地下水造成污染。同时，部分废弃物还具有放射性或毒性，对环境和人类健康构成潜在威胁。

5.2.4 能源消耗与碳排放

冶金产业是高能耗产业，大量消耗煤炭、电力等能源。这不仅导致能源资源的紧张，还使得碳排放量大幅增加，加剧了全球气候变暖的趋势。因此，降低能源消耗和减少碳排放是冶金工程亟待解决的问题。

5.2.5 噪声污染

冶金生产过程中产生的噪声不仅影响周围居民的生活质量，还可能对动植物的生长和繁殖造成干扰。长期暴露在高噪声环境中，还可能对人类健康产生负面影响。

5.2.6 土地占用与破坏

冶金工业需要占用大量土地，这对土地资源造成压力。同时，生产过程中还可能对土地造成破坏，如土壤污染、地形改变等。这些都将对土地资源的可持续利用造成威胁。

5.2.7 生态平衡影响

冶金工业对生态环境的影响是多方面的。废气排放、废水排放、固体废弃物处理等都会对周围生态系统造成破坏，影响生物多样性和生态平衡。此外，土地占用和破坏也会破坏当地的自然景观和生态环境。

5.3 冶金工业中生态工作的重要性

我国是冶金大国，钢铁以及铝、铜等有色金属的产量均居世界第一，冶金工业作为国家基础型产业，维持着国民经济的持续增长，同时也是工业化发展的支柱产业。冶金工程属于密集型产业，其生产过程会消耗大量的能源，涉及大量物质以及能量的转换并且会排放很多污染物，这些污染物会对周边环境造成不同程度的影响。因此，强化冶金生产过程中的环保监测，加强各方面环保工作是十分重要的。重视冶金工程中的环保工作不仅有助于缓解当前的环境污染问题，还会因此推动环保政策的完善，不断提升处理环境污染问题的能力。

在冶金项目的实际生产过程中，生产企业必须正确认知到环境保护的重要意义，并根据企业发展运营以及周边自然环境的实际状况来制订出符合环保工作推进需求的工作计划，以使得环保措施能够有序、有效地施行。为此，冶金企业的管理者必须树立起积极的环保意识，并将这种观念有意识地渗透进日常的管理工作中，从上至下地对员工的环保理念进行熏陶，从而有效提升员工的环保素养。此外，冶金企业还应强化对于周边自然环境的监测，以保证冶金工程的污染物排放被限制在自然环境所能承载的范围之内[1]。冶金工程必须遵循国家所规定的污染物排放标准，并实时检测生产过程中的数据以及信息，一旦污染物排放量超出规定限度，工程管理人员就应该及时暂停生产工作，以将工程生产对于自然环境的负面影响降至最低。这样，环境破坏问题就能够在一定程度上得到改善，周边环境所承载的压力也能够得以减轻[2]。

“生态兴则文明兴，生态衰则文明衰。”生态环境是人类生存和发展的根基，生态环境变化直接影响文明兴衰演替。党的十八大把生态文明建设纳入中国特色社会主义“五位一体”总体布局，以习近平同志为核心的党中央站在坚持和发展中国特色社会主义、实现中华民族伟大复兴的中国梦的战略高度，提出了一系列新理念、新思想和新战略，形成了习近平生态文明思想，为建设美丽中国、实现中华民族永续发展提供了根本遵循和行动指南。党的十九大指出，“建设生态文明是中华民族永续发展的千年大计”。在党的二十大报告中，着眼全面建设社会主义现代化国家全局，部署了推进生态文明建设的战略任务和重大举措，指出要“提升生态系统多样性、稳定性、持续性”。总体上看，目前中国生态环境质量持续好转，呈现稳中向好的趋势，但成效并不稳固。生态文明建设正处于压力叠加、负重前行的重要时期，已进入提供更多优质生态产品以满足人民日益增长的优美生态环境需要的攻坚期，也到了有条件有能力解决生态环境突出问题的窗口期。保护生态环境更自觉、更自然的力量基于伦理，来自人类对环境伦理价值的真正体悟。环境保护，教育为本；环境教育，伦理为先。克服人与自然的危机状况，实现人与自然的和谐发展，建设人与自然和谐共生的生态文明，环境伦理教育是根本。每个人的伦理观绝大多都是通过后天理论学习与社会实践形成的。对于冶金工程领域从业者而言，只有在大学期间接受良好的工程伦理教育，毕业后才有可能公平公正、安全顺利完成其从事的工程活动。所以，对工科大学生来说，开展工程伦理教育特别是环境伦理教育，不仅能改变他们对原有伦理的认知，内化为自己的行为准则，提高伦理风险意识。同时又可不断增强其自身对未来会从事某种职业的认知，并以高的伦理标准严格要求自己。

环境伦理教育是有效实施环境教育的中心工作，是提高全民族环境道德意识、有效推进生态文明建设、实现中华民族伟大复兴和美丽中国梦的根本保障之一[3]。为此，要进一步加强公民的环境伦理教育，增强公民的生态保护意识，培养公民良好的生态道德和行为习惯，在知性、理性和德性等各个方面自觉接受环境伦理道德的教育熏陶，从而形成文明健康的生活风尚，实现人与自然的和谐发展。

在我国大力建设生态文明的背景下，冶金行业通过提升环保工作力度，相关工作人员能够对环保工作给予更多的关注，积极主动地了解相关政策法规，有利于更好地掌握日常生产过程中冶金工程环保工作落实效果，分析各项环保政策的执行力度。根据当前冶金工程环境保护工作的成效，全面掌握冶金工程所在环境的污染问题。通过不同角度分析环保工作可能存在的漏洞，结合冶金工程的发展趋势以及环保工作的需求制定出相应的措施，使我国相关环保政策法规能够在此基础上得到完善。这样能够使我国相关环保政策的制定更加具有针对性和有效性，对相关政策进行查漏补缺。由此可见，加强冶金工程生态环保工作能够完善我国的环保政策结构。

5.4 冶金工业的环境保护措施

近年来，冶金工业的高能耗、高污染特点使得其对资源消耗和环境污染问题一直备受关注，为了实现可持续发展，解决冶金工程行业存在的在生产过程中存在的资源消耗大、环境污染严重等问题，提高冶金工程行业的可持续发展能力。随着全球经济的发展和人口的增加，对矿产资源的需求也不断增加，与此同时环境发展带来的环境问题也日益严重，这使得冶金行业面临着巨大的压力，因此在社会发展与环境保护伦理中研究冶金过程资源节约和环境保护措施是十分有必要的[4]。

当下，在全球经济的大环境下，企业面临着激烈的竞争，而想要提高竞争力就需要将提高生产效率和降低生产成本视为关键。关于原材料利用率提高，要对材料和资源合理管理和利用，增加科学研发投入，并减少浪费。例如，钢铁厂冶炼废渣处理工艺已成为当下的重点话题，废渣的处理不仅涉及环境保护，还关系到资源的回收利用。目前已有部分常见的废渣处理工艺被广泛应用，如磁选、热解、微生物处理以及矿渣水泥制备等。通过钢铁厂冶炼废渣的处理工艺，可以有效减少环境污染，实现废渣中有价物质的回收利用[5]。同时可以降低对废物处理的成本以实现废物减量、废物再利用、废物无害化处理，实现减少大气污染物排放、减少水污染物的排放、减少固体废弃物排放的目的。对于资源节约的措施，第一是对原材料的选择和优化，加强科研力量投入，充分发挥不同材料不同的物理化学性质，以对现有资源进行优化。第二是对现有的冶炼工艺的改进和优化。例如，采用先进的电解技术以提高电能利用率，减少能源消耗；通过优化熔炼、精炼等工艺参数，减少废物产生，降低环境污染等。这些改进措施不仅可以提高企业的经济效益，还可以为社会和环境带来积极影响[6]。第三是提高对废渣的处理以及资源回收技术。不仅企业要加强投入，同时也要和政府、高校、科研机构等合作，通过政府的政策扶持、资金投进、人才培养等手段来共同推进社会发展和环境保护伦理。

环境资源是人类共同的财富，应当实现公平合理的利用与分配。冶金工程中的环境资源保护涉及水资源、能源资源、矿产资源、大气资源等方面。通过采取适当的措施，如回收和循环利用、节能和能源回收、矿石回收和复垦、废气排放控制、生态评估和保护等，最大限度地减少对环境资源的消耗和破坏，实现可持续的冶金工程发展[7]。因此，社会发展应当坚持公平、正义的原则，保障每个人享有良好的环境质量和生活品质。社会各界也应当对环境保护负起责任与义务。相关企业应当承担起保护环境责任，采取有效措施减少污染排放，实施清洁生产。政府应当加强环境管理和监管，建立健全的法律法规体系，推动环境保护工作。个人也应当积极履行环保义务，提倡节约资源、减少污染行为，形成良好的环保意识和行为习惯。

近年来，我国钢铁工业在低碳绿色发展方面做出了巨大努力，取得了巨大的成果，结合各重点企业、组织发布的技术路径，在“十四五”绿色制造、低碳发展成果基础上，探讨未来中国引领钢铁行业发展的实践与路径。目前我国的钢铁行业的超低排放工作已取得较大成效，截至 2022 年 7 月底，据生态环境部统计，全国共有 251 家企业、6. 81 亿吨左右粗钢产能已完成或正在实施超低排放改造，在改造过程中绿色低碳发展也取得了较大进展。但未来仍需要继续大幅减少大气污染物排放，推广实施已具成效的节能减排技术。

在全球能源向清洁化、低碳化、智能化发展的趋势下，发展氢能产业已成为当前世界能源技术变革的重要方向。国内外钢铁组织、企业制定的低碳发展规划中，均包括以氢能为中心的能源结构变革的技术路径。氢能产业链布局工作，建议围绕以下几方面开展：积极研发多元化制氢技术；加快构建加氢站网络；构建“柴改氢”工业绿色生态物流体系；“氢冶金”引领行业绿色冶金变革和高炉富氢冶炼[8-9]。

5.5 可持续发展环境伦理观

在现代化进程中，国家发展面临着人口与经济、发展与环境、现代化与全球化的多重压力，因此需要考虑经济发展、社会责任和环境保护之间的平衡，促进可持续发展。正如习近平总书记强调的，“绿水青山就是金山银山，改善生态环境就是发展生产力。良好生态本身蕴含着无穷的经济价值，能够源源不断创造综合效益，实现经济社会可持续发展”。经济发展和环境保护是辩证统一的关系。经济发展和环境保护的目的是统一的，都是为了满足人民的美好生活需要；两者的内容也是统一的，经济发展与环境保护相辅相成，是可以相互转化的[10]。一方面，高质量发展须是绿色、可持续的发展。比如，认真贯彻新发展理念，突出转型发展主攻方向，坚持一手抓改造升级传统产业、一手抓培育壮大新兴产业，推进产业结构调整，推进企业深度治理，就能有效减少企业污染排放，促进空气质量提高。另一方面，加大环境治理力度，加快生态绿化建设，形成绿色生产方式和生活方式，促使环境质量不断提升，也能为经济发展提供更大空间[11]。

如何处理好社会发展与环境保护的关系，实现两者的良性互动，是当前不少地方面临的现实课题。可持续发展是指满足当前时代需求的同时，不损害子孙后代满足其需求的能力。这一理念强调经济、社会和环境之间的平衡和协调发展。社会发展与环境保护伦理的核心在于实现经济发展与环境保护的双赢，不断提升人类福祉的同时保护自然环境，以满足当前和未来世代的需求。哲学的意义就在于它不仅停留在思考层面，而是用来解决人的各种问题，让人从思考中获益。从这个角度出发，撇开科学与技术这一表面原因，冶金环境问题的实质是哲学问题。

第一，应该尊重自然规律。冶金环境问题的核心是人与自然关系的问题，人类社会与自然界是一个统一的、相互影响的有机整体。在这个整体中，自然界是人类赖以生存的基础，人类可以利用智慧改造自然界，使其为人类的生存和发展提供更多的物质帮助。但是人类对自然界的改造和利用是建立在认识自然规律的基础上的，人类的实践活动必须遵从自然发展规律，否则将以失败而告终，并将受到自然界的“惩罚”，如水土流失、雾霾灾难等。

第二，发展冶金工业与保护环境之间的关系是对立统一的。冶金工业生产活动势必对环境造成影响，但是在尊重自然规律的前提下，可以使两者协调统一。如发展低碳冶金、清洁冶金技术既可促进冶金工业的经济发展，又可加强环境保护。从哲学角度出发，人类就是要在世界千丝万缕的联系中寻找发展的新思路，从而实现冶金工业与自然环境间的和谐发展。

第三，任何事物的发展都是一个量变到质变的过程。冶金工业对生态环境的污染、破坏也是一个量的积累而引起质变的过程。在冶金生产的某一环节中，因技术低劣、设备不精、管理混乱、操作失误等已经造成了环境污染，但这种污染对环境的影响还没有积累引起尖锐“矛盾”的程度，人们尚未察觉到或忽视了；一旦演变成制约企业经济发展、影响人类生活的显著因素时，人们便意识到了这种危害。哲学质变量变规律要求我们，在发展现代冶金工业时，要充分预见事物的发展过程，避免不利因素的不断积累而形成环境问题。

第四，必须正确认识科学技术的两面性。科学技术在人与自然关系中起到了一种特殊中介的作用，为人类认识和改造自然界提供了智力武器，但它也是一把双刃剑。先进的科学技术在冶金工业中的正确应用，使得冶金过程变得快速、高效；但若运用不当，则会产生负面影响，甚至酿成灾难性的后果。哲学这一基本原理告诫我们，发展现代冶金技术时，一方面要最大限度地发挥其正面效应，防止和消除负面效应；另一方面要认识到它的运用必须控制在有利于保护生态环境不受破坏的限度内。

第五，发展冶金工业要与环境保护和谐统一。事物是普遍联系的，冶金工业生产活动必然会对自然环境造成影响。事物的发展都是在矛盾的产生、解决中进行的，冶金工业的发展也不例外。人们应该积极探索冶金工业新的发展思路，如低碳冶金、清洁冶金等，避免或降低冶金过程对环境造成损害，发展冶金生产不能以破坏生态环境为代价，要使两者和谐统一起来[12]。

可持续发展环境伦理观主张人与自然和谐统一。一方面，承认人类对自然的保护作用和道德代理人的责任。承认自然不仅具有工具价值，也具有内在价值，但又不把内在价值仅归于自然自身，而应提高为人与自然和谐统一的整体性质。这样，由于人类和自然是一个和谐统一的整体，那么，不仅是人类，还有自然都应该得到道德关怀。另一方面，可持续发展环境伦理观在人与自然和谐统一整体价值观的基础之上，承认现代人类中心主义关于人类所特有的“能动作用”，承认人类在这个统一整体中占有的“道德代理人”和环境管理者的地位。这样一来，在中国式工程环境伦理观中，既要重视保护自然，但又并非无所作为的“保护”。

在可持续发展的视角下，冶金工业必须落实环境保护措施，严守生态红线[13]。冶金工业发展与环境保护间的关系若协调不好，势必造成严重的环境污染问题，最终影响居民生活质量。作为冶金生产活动的能动、主体，人必须规范自身的实践行为，树立全新的资源观、哲学观、伦理观和发展观，尊重科学、尊重自然发展规律，尽量减少冶金生产给环境带来的负面效应。只有这样，才能实现我国冶金工业的健康持续发展。

5.6 典型案例分析

5.6.1 钢铁厂有色烟羽治理

目前，烟气脱硫设施90%以上机组采用石灰石-石膏湿法脱硫工艺，由于回转式气气换热设备（Gas Gas Heater，GGH）存在换热元件堵塞和烟气泄漏等问题，为满足超低排放限值要求，大部分采用湿法脱硫装置。因此，脱硫后的湿烟气呈饱和或近饱和状态，其烟温一般为 50~55 ℃。湿法脱硫后的湿烟气在烟囱口排入大气的过程中受冷空气作用形成雾状水汽，并形成明显的拖尾现象。雾状水汽会因天空背景色和天空光照、观察角度等原因发生颜色的细微变化，由于其形状类似羽毛状，因此称为有色烟羽，通常为白色、灰白色或蓝色等颜色，如图 5-2 所示。燃煤电厂烟囱排放的有色烟羽不仅会造成水资源浪费，还会产生明显的视觉污染。同时其排放的可凝结颗粒物，以及离子态硫酸盐、亚硫酸盐、氯盐等可溶解性固形物不仅污染环境，对人体健康造成严重危害，也是重要的雾霾前驱物[14]。

彩图

图 5-2 钢铁厂排出的有色烟羽

我国大气雾霾治理的形势依然十分严峻，部分冶金企业烟囱排放的有色烟羽被社会普遍关切。有研究针对现场场地情况对各设备进行现场试验，通过调整换热器布置及结构，将导流板与防振分隔板进行整体设计，提高换热性能，减小运行阻力。通过改造后，解决有色烟羽问题，每年减少烟尘约 11.7 t，SO_x 年排放总量减少。通过研究和工程应用，促进了有色烟羽治理一体化技术的完善和发展。

钢厂烧结烟气脱白技术是针对原料烧结过程中产生的含有大量水蒸气的烟气进行处理的一种先进技术，如图 5-3 所示。这项技术的主要目的是消除白色烟羽，减少对环境的污染，并提高钢厂的环保性能。在实施过程中，该技术通过多种方式达到脱白效果：首先，通过冷凝再加热技术，烟气中的水分被有效减少，降低了白色烟羽的含湿量；其次，增设高效的除雾器和除尘器，能够去除烟气中的细小液滴和颗粒物，进一步提升烟气质量；此外，利用 MGGH（Media GGH）等技术回收出口烟气的余热来提升净烟气的温度，提高烟气排放的抬升高度，降低污染物的地面浓度，并引入热风混合排放技术和采用特殊设计的烟囱结构，以进一步改变烟气的温度和湿度，优化烟气排放效果。因此，钢厂烧结烟气脱白技术是一项综合性的环保技术，它通过减少烟气中的水分、提高排放温度以及采用其他辅助措施，有效地消除了白色烟羽，为钢厂的绿色可持续发展贡献了重要力量。

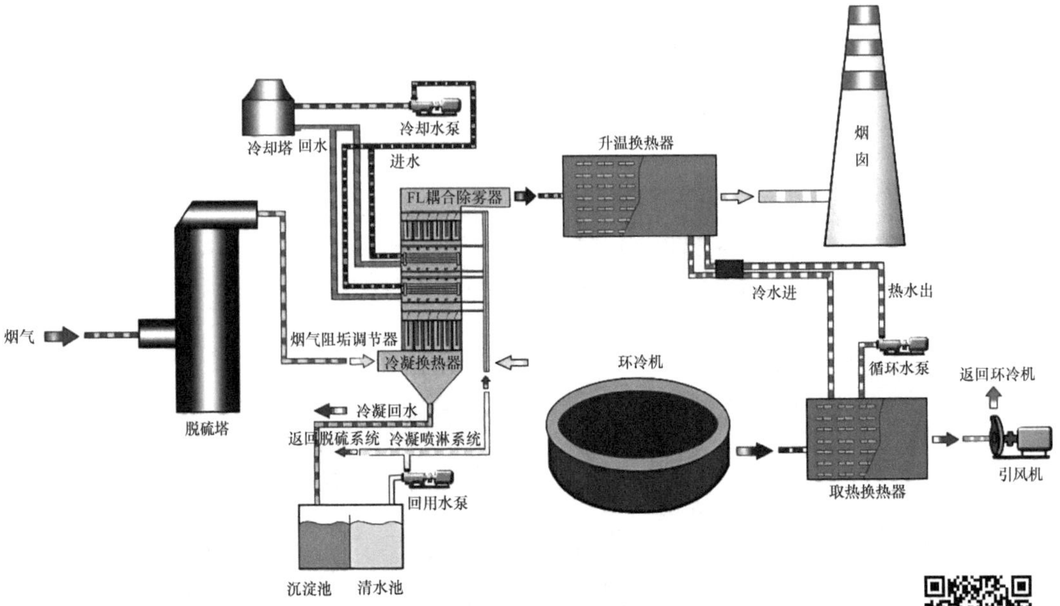

图 5-3 烧结烟气脱白技术流程

彩图

5.6.2 冶金企业噪声污染治理

冶金矿山企业中的工业设备非常多，包括挖掘机械、输送设备、破碎机、熔炉、冷却设备等，这些设备在运行时产生的高强度和低频率的噪声（如机械噪声、空气动力型噪声、电磁噪声）非常普遍。据中国调查测试资料分析，钢铁企业噪声级主要分布为 85~120 dB（A），机械噪声主要来自设备的碰撞、摩擦、振动等因素，大部分生产区域和设备声压级超过 100 dB（A）以上。如机械噪声包括破碎机、球磨机、振动筛等设备，噪声值为 85~120 dB，其中破碎机为 105 dB、球磨机为 98 dB 左右；空气动力型噪声包括各种风机设备、空压机、排气阀等，如抽风机、除尘风机、罗茨风机等，普遍噪声超过了 100 dB，频带含有中高低频；电磁噪声主要是电动机引起的，噪声值相对较小，会被其他噪声源遮盖，但是从其本身噪声值来说，也是超标的，包括变压器、电动机等设备，一般噪声为 85~120 dB。

冶金工程中的噪声不仅会对工作人员产生影响，长期暴露于高强度噪声中可能会导致听力损伤，引发其他身体问题，也可能扩散到周边社区，远离冶炼设施的居民可能受到长时间、高强度的噪声干扰，对其生活质量和健康产生负面影响。此外，冶金生产过程中的机械设备、运输车辆等产生的噪声，也会对生态系统的稳定性和生物多样性产生影响。

针对冶金矿山企业厂区噪声污染问题，可采用隔声屏障等技术，如图 5-4 所示。声屏障将噪声阻挡在厂区内部，避免对周边区域的影响，一般声屏障设立在受影响区域的正对工厂方向，高度、长度、厚度都会有所要求。同样声屏障也可以在厂区内使用，在噪声源附近安装。车间厂房隔声、降噪：分为设备降噪和厂房隔声，设备降噪包括使用隔声罩、消声器、减震器等措施，如风机隔声罩、球磨机隔声罩等，全封闭隔声罩可以降低 35dB 设备噪声；消声器针对风机排风等类型噪声，也会使用在厂房通风口；对于设备振动采用安装减震器的方式。内部隔声室：可以在厂区或者厂房内设置一个隔声室，使用吸隔声材料制作，避免工厂内的噪声传入隔声室内，多用于办公室、值班室等。冶金矿山企业中的噪声类型多样，在对这些噪声进行处理时普遍要采用综合降噪措施，多方面地解决噪声问题，解决厂区和厂界外的噪声超标情况。从噪声源头、传递途径来解决设备噪声问题。可以通过智能化控制更加精细化。随着人工智能和自动化技术的不断发展，冶金机械振动与噪声控制将变得更加智能化和精细化。通过更先进的算法和传感技术，实现实时监测和调整，以适应不同的工况和需求。

彩图

图 5-4　离心式风机噪声采用消声器、隔声罩

思 考 题

5-1　冶金行业存在哪些主要环境问题？

5-2　为什么说生态工作在冶金工业中至关重要？

5-3　思考冶金行业工程师应该采取哪些措施，应对和解决生态环境问题？

5-4　如何理解可持续发展环境伦理观在冶金工程中的应用？

5-5　通过案例分析，说明冶金工程在环境治理和生态责任方面的实践。

参考文献

[1] 张美玲，高敏，华中胜，等．我国冶金工业发展与环境保护问题的哲学思考［J］．安徽工业大学学报（社会科学版），2014，31（5）：13-14.

[2] 马中安．冶金工程中环保工作的重要性及措施［J］．世界有色金属，2019，（10）：48-49.

[3] 周国文，孙叶林．国家公园、环境伦理与生态公民［J］．北京林业大学学报（社会科学版），2020，19（3）：12-16.

[4] 陈波．新时期有色金属冶金与环保［J］．中国金属通报，2019，（11）：17-18.

[5] 邹青．钢铁冶金流程中节能技术探讨［J］．冶金与材料，2021，41（5）：117-118.

[6] 朱飞．钢铁厂冶炼废渣处理工艺探讨［J］．冶金与材料，2023，43（12）：1-3.

[7] 郭虎．冶金工程中环保工作的重要性及其策略分析［J］．中国金属通报，2023（4）：22-24.

[8] 李毅仁，邢奕，孙宇佳，等．钢铁工业低碳绿色发展路径与实践［J］．工程科学学报，2023，45（9）：1583-1591.

[9] 王新东，李建新，胡启晨．基于高炉炉料结构优化的源头减排技术及应用［J］．钢铁，2019，54（12）：104-110，131.

[10] 李宏伟，宁悦．习近平生态文明思想的内在逻辑及原创性贡献［J］．新疆师范大学学报（哲学社会科学版），2023，44（1）：23-32，2.

[11] 李公乐．正确认识经济发展与环境保护的关系［N］．经济日报，2019-12-18（12）.

[12] 邹庆华，邝家旺．生态文明视域下环境伦理教育的实践路径［J］．哈尔滨工业大学学报（社会科学版），2022，24（3）：134-139.

[13] 李艳．基于可持续发展视角探索有色冶金工业发展中的环境保护举措——评《有色冶金与环境保护》［J］．中国有色冶金，2023，52（5）：160.

[14] 韩军赞，张洁，闫威卓，等．燃煤电厂和钢铁厂烧结烟气有色烟羽排放特征与管控建议［J］．环境工程，2024，42（2）：144-151.

6 冶金废弃物资源化利用工程伦理

课程思政

目前，冶金废弃物资源化利用工程伦理问题是一个涉及环境保护、社会公平和安全管理等多个方面的复杂问题。只有在充分考虑工程伦理原则的基础上，才能够实现冶金废弃物资源化利用的可持续发展和社会效益的最大化。以新余钢厂在烧结机上应用的烧结机头烟气袋式除尘技术为例：2021 年 9 月，中钢天澄环保科技公司在新余钢铁集团有限公司 360 m^2烧结机上建成全球首台套烧结机头烟气袋式除尘示范工程。2023 年 10 月，新钢集团在当时新建的 660 m^2烧结机上再次采用了此项技术，其中颗粒物排放浓度 5.4 mg/m^3，运行阻力 710 Pa，运行能耗降低 40%以上。烧结机头袋式除尘不仅解决了传统电除尘器出口颗粒物排放超标的问题，更重要的是能够保障后续脱硫脱硝系统或活性炭净化装置超低排放稳定运行，并实现节能降碳，降本增效。该技术是烧结机头除尘技术的一项原始创新，解决了世界性难题，是中国在烧结环保上取得的重大科技成果，引领了烧结除尘技术的发展方向，实现了“中国创造”。新钢废弃渣场改造的公园及“青花瓷”冷却塔如图 6-1 所示。

图 6-1　新钢废弃渣场改造的公园及“青花瓷”冷却塔

彩图

6.1　冶金废弃物问题指导

近十年来，冶金工业的迅猛发展带来了显著的经济效益，与此同时，由其产生的环境问题也逐渐凸显，引发了社会各界的深切关注。特别是在冶金生产过程中伴随产生的固体、液体和气体废弃物，即人们常说的“三废”问题，如图 6-2 所示，已成为环境治理的重点。这些废弃物不仅对环境构成威胁，更对人类的健康和生态平衡产生深远影响。因此，废弃物的资源化利用显得尤为重要。这不仅是出于环境保护的迫切需求，从更宏观的角度看，它更是冶金产业乃至整个社会实现可持续发展的重要抉择。通过科学合理地转化和利用这些废弃物，我们不仅可以有效减轻环境压力，更能为产业发展注入新的活力，推动社会经济的绿色、健康发展。

图 6-2　“三废”问题

彩图

6.2　冶金废弃物资源化利用现状

6.2.1　固体废弃物

党的十八大以来，我国把资源综合利用纳入生态文明建设总体布局，各项工作取得积极进展。为了进一步提升大宗固废综合利用水平，全面提高资源利用效率，国家发展和改革委员会、科学技术部、工业和信息化部、生态环境部等十大部委共同制定发布了《关于“十四五”大宗固废综合利用的指导意见》。意见中明确指出，国家要实施资源高效利用行动，包括骨干企业示范引领行动、综合利用基地建设行动、资源综合利用产品推广行动以及大宗固废系统治理能力提升行动，推广大宗固废综合利用先进技术装备，促进资源利用效率提升。

我国是全球最大的钢铁生产国，2020 年粗钢产量达到 10.53 亿吨，同比增长 5.2%。随着钢铁产量的增长，冶金废渣的产生量也相应增加。具体到冶金废渣的数据，2019 年我国钢铁企业固体废弃物排放量达 31.5 亿吨，2020 年总量为 37.87 亿吨，其中冶金渣占比 18.19%，约为 6.89 亿吨。这些废渣主要包括高炉渣、钢渣、铁合金渣等。钢渣作为钢铁工业典型的固体废弃物，其性质与原料的选择、生产参数、钢种息息相关，这些都会导致钢渣组分浮动较大。钢渣强度高，硬度大，难以磨粉；炉渣的凝胶组分活性低；炉渣吸水性好，但会发生水解反应使体积膨胀，稳定性变差，从而导致钢渣距离稳定可靠的应用还存在难度。我国钢渣的用途包括：道路建设，占钢渣利用量的 40.2%；其次是工程回填料，占比 32.3%；用于冶金生产的占比 19.4%，用于水泥的占比 6.5%，其他建材的占比 1.6%。

冶金废渣常含有重金属、有机化合物和其他有害物质，如果不加以妥善处理，将对人类社会和环境的产生多维度影响[1]。首先，这些废弃物中含有的重金属和其他有害物质，如不经妥善处理，可能通过空气、水体和土壤传播，导致环境污染，进而破坏生态系统和生物多样性。长期的环境暴露还可能通过食物链累积，对人类健康构成严重威胁，引发各种疾病。例如，重金属如铅、镉和汞等可以积累在食物链中，影响土壤中的营养成分和微生物活性，导致植物根系吸收有害物质，使植物生长受阻或死亡，并且生物长期摄入可能导致中毒和健康问题，见表 6-1。此外，冶金废弃物中蕴含的可回收金属和材料若未得到有效利用，将造成宝贵资源的浪费。然而，从积极的角度看，冶金废弃物的管理和回收不仅有助于减轻对新资源的依赖，降低生产成本，还能促进回收和再利用行业的发展，为社会经济带来新的增长点。因此，许多国家和地区已经制定了严格的环境保护法规，以确保冶金废弃物的安全处理和资源的可持续利用。

表 6-1　冶金废渣中部分重金属元素对人体及植物的影响

元素	来　源	对人体的影响	对植物的影响
铬	冶金业 玻璃工业 皮革工业	过敏反应、贫血、烧伤和溃疡，尤其是在胃和小肠中，可能会对男性生殖系统造成危害	进入植物细胞可能导致生化、分子、细胞毒性和基因毒性的改变，从而抑制种子的发芽、幼苗的生长和后续发育
汞	冶金业 造纸业 水泥业	损害神经系统、协调性和运动速度下降、特征性运动障碍、反射障碍和运动协调困难	对植物细胞具有极高的毒性。导致种子发芽率降低，种子存活率下降，引发生理障碍

续表 6-1

元素	来　源	对人体的影响	对植物的影响
钴	电池业 染料业 化工业	视力问题、耳鸣、呕吐和恶心、厌食、肾脏损伤、甲状腺损伤和呼吸系统疾病	延缓核分裂和胞质分裂过程、导致质体的形态损伤、抑制淀粉粒分化并改变每单位面积叶的叶绿体的结构和数量、阻碍 RNA 的合成
砷	煤炭业 油漆业 染料业	诱发心律失常、高血压、动脉硬化等心血管疾病、癌症、肾衰竭、肺部和胸部问题等严重疾病	干扰核酸合成和基因转录过程，以及降低植物的代谢过程中酶的活性，减少农作物产量
锌	造纸业 采矿业	皮肤炎症、肝功能障碍、腹泻	树叶杂乱，生长受阻
铅	冶金业 电气业 电池业	导致呼吸道、神经系统、消化系统、心血管和泌尿系统疾病	叶片停止扩张，钙和磷的吸收减弱，根系停止生长
镍	冶金业 印刷业	肺癌和鼻癌、慢性支气管炎、肾水肿	种子发芽，营养和生殖生长，光合作用以及氮代谢

冶金生产中产生的固体废弃物处理是一个重要的环境管理问题。固体废弃物包括生产过程中的废料、废渣和废弃产品等。这些废弃物的合理处理对于减少环境污染、保护生态系统和实现可持续发展至关重要。目前，我国钢铁冶金废渣的综合利用率已经达到了 95% 以上。然而，这一利用率的提高并不意味着所有废渣都得到了高效利用，其中固废处置的过程管理和利用水平还有待提升，技术创新和标准体系也需要加强。近几年我国钢渣的累计堆存量已超过 10 亿吨，这不仅占用了大量土地资源，还可能对生态环境造成安全隐患。为了解决这些问题，我国正在推动冶金废渣的综合利用[2-3]。常见固体废弃物处理方法有填埋法、焚烧法、固化处理法、回收循环法等。

填埋处理：这是一种常见的处理方式，将废渣直接填埋在指定区域的控制场地内。填埋可以有效地减少废渣对环境的直接影响，但需要选择合适的填埋地点，并且需要注意防止废渣中有害物质渗漏到土壤和地下水中。其中，土壤污染问题应及时通过采取合理的预防措施和治理措施加以解决，通过建立废弃物管理制度，对废弃物进行分类、储存和处理，采取适当的措施，如固化、封存或合理的填埋，以防止废弃物对土壤造成污染；采取措施对化学品正确使用和储存，防止化学品渗漏或泄漏到土壤中；采取对粉尘和大气污染控制措施，包括使用过滤器、喷雾器等技术，减少排放到大气中的污染物，从而减少土壤受到的污染。

生物处理：一些有机废渣可以通过生物处理来降解和转化。生物处理利用微生物的作用，将有机废渣分解为无害的物质或者转化为有用的产物。这种处理方式对于有机废渣的处理效果较好，同时具有较低的能耗和环境影响。

高温处理：一些特殊的钢铁冶金废渣可以通过高温熔化处理来降解和转化。这种处理方式通常需要使用高温炉炼化废渣，使其发生物理和化学变化，从而得到可再利用的产物。高温熔化处理可以有效地改变废渣的性质，并减少其对环境的影响[4-5]。例如，转底炉技术是一种有效的废渣处理方法，主要应用于处理钢铁生产过程中产生的各种废渣，如转炉渣、高炉渣等，通过高温还原反应，将有害的金属氧化物转化为有价值金属元素进行回收以及无害的渣相，达到环保无害化的处理效果，如图 6-3 所示。

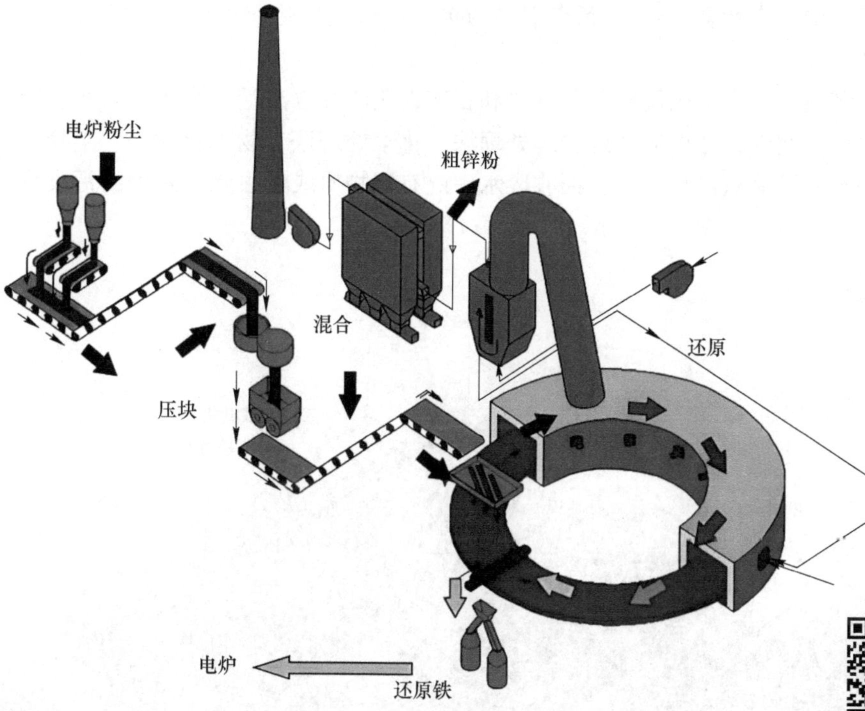

彩图

图 6-3 转底炉技术处理废渣示意图

6.2.2 液体废弃物

当进入水环境的污染物量超过其本身的自净能力或纳污能力，会导致水体丧失其原有的使用功能，称为水体污染。冶金废水是冶金工业生产过程中产生的副产品，其分类多样，主要包括冷却水、除尘及煤气/烟气洗涤废水和冲渣废水等。这些废水根据所含污染物的性质，可进一步划分为酸性污水、碱性污水、重金属污水、含油类污水和含放射性污水等。

冶金废水的不当处理会对环境造成严重影响，包括水源污染、土壤质量下降、生态系统破坏，以及对人类健康、经济发展和生态平衡产生潜在威胁。废水中的重金属、有机物和酸性物质等污染物，如未经处理直接排放，对水生生物的生长、繁殖和生态平衡造成严重影响，导致水生物种群减少、生物多样性降低，甚至引发物种灭绝[6]。如果污染物进入自然水体，可能影响水源地的水质，使得饮用水中含有有害物质，导致水污染事件的发生。

随着我国对于环境保护逐渐重视，冶金废水需处理并达到《钢铁企业冶金工业废水排放标准》[7]，因此达到国家发布的排放标准是每个冶金企业都应该严格遵守最低标准。冶金废水具有水量大、种类繁多以及水质复杂多变的特点，其中常含有各种污染物如悬浮物、重金属离子和有毒物质，处理难度较大。针对冶金工业废水处理原则如废水处理与废水资源化利用相结合，将废水中的可回收的资源价值，如金属颗粒和油类物质污泥和溶解物可通过物理或化学方法提取回收利用，并将处理过的废水回用，从源头减少废水的排放，降低废水中污染物含量[8]。而废水中的热能也可通过热交换设备回收利用，用于加热或发电[9]。

目前，多数冶金企业采用石灰药剂法和石灰碳化法等方法治理废水，以实现废水的循环再利用目标。此外，还可以借助物理处理法、化学处理法、物理化学法、生物法。对冶金废水采用蒸发结晶法进行处理，回收废水中的有用物质或者去除废水中的污染物，以实现冶金废水零排放，如图 6-4 所示。

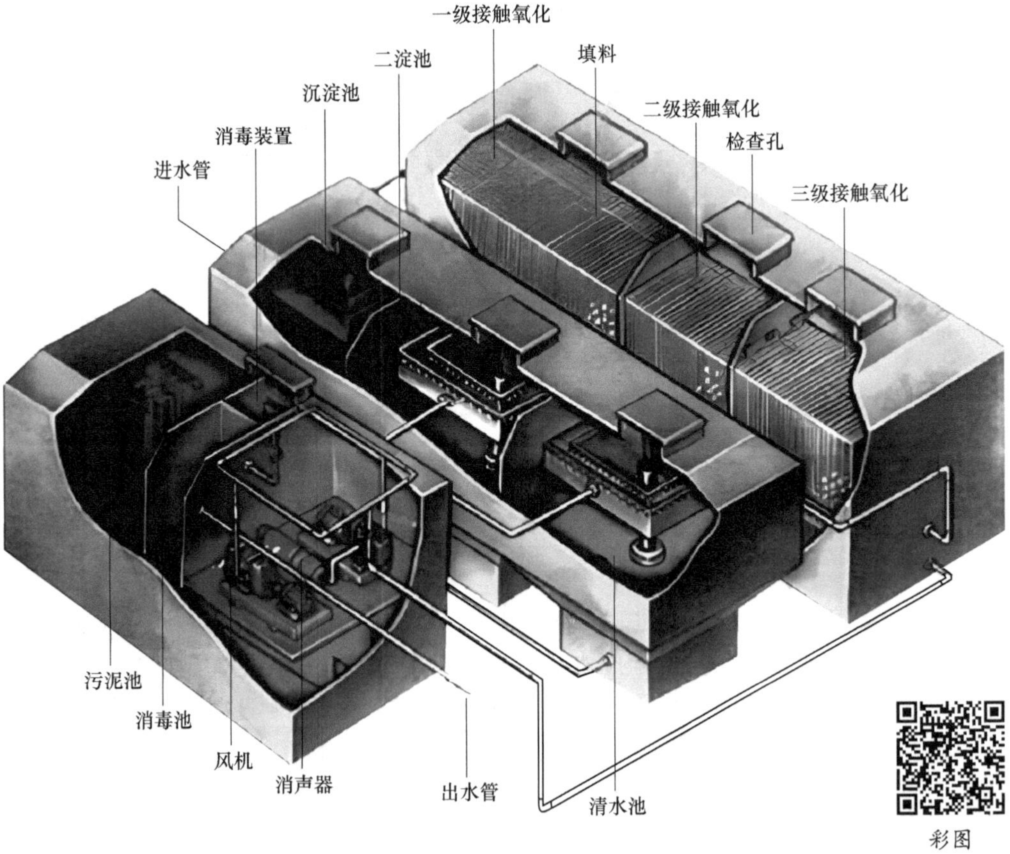

彩图

图 6-4 地埋式一体化污水处理设备

6.2.3 气体废弃物

大气环境是人类赖以生存的基础，国家对于废气治理始终保持高度重视，并通过构建减污降碳协同治理的政策体系及工作机制，开展超低排放改造工作，对特征污染物减排技术进行创新研究，以环保监管及绩效考核体系促进提质增效[10]。

中国钢铁工业主要采用以煤炭为主要燃料的“高炉-转炉”长流程冶炼工艺，在生产过程中常常会排放大量的污染物，对环境和人体健康构成了严重威胁，如冶金工程中常见的含硫矿石烧结、炼铁及炼钢产生的烟气等所含有的二氧化硫（SO_2）、氮氧化物（NO_x）、铁矿石粉尘、炉渣微粒等颗粒物（PM2.5），它们不仅污染空气，还可能导致酸雨、雾霾等环境问题，对人类呼吸系统和心血管系统造成损害。要解决大气污染问题，应先从源头上控制，针对排放污染物的种类采取针对性的措施来降低对大气环境的影响；其次，应该制定好大气污染物的排放标准，控制好污染物的排放量以及排放范围，以便更好地控制。虽然我国在工业污染治理方面的投资有所减少，2021 年工业污染治理完成投资的金额较 2020 年下降了 26.2%，其中治理废气项目完成投资同比下降了 8.36%。尽管如此，废气治理的投资金额占工业污染治理投资金额的比值保持在较高水平，2021 年占比达到 66.25%，反映出国家对这一问题的持续关注和投入。

冶金废气的处理和排放控制始终是环境保护的重要方面，对此国家已经制定了相应的标准和技术规范。例如，自 2020 年 8 月 1 日起正式实施的《有色金属冶炼废气治理技术标准》（GB 51415—2020）。此外，钢铁行业作为冶金废气的主要来源之一，国家也推动了超低排放的实施，以促进行业的高质量发展和环境保护。随着国家不断加大对工业污染的治理力度，国内工业污染治理也得到显著效果。自 2016 年以来，我国废气污染物的排放量呈现出持续下降的态势，三类主要废气污染物的排放量保持逐年下降的趋势[11]。

废气处理行业的发展前景广阔，并随着环保意识的提升和技术的不断进步，未来将有更多高效、环保的废气处理技术出现。物理法、化学法和生物法等现有技术将继续发展，如图 6-5 所示，而高级氧化技术、膜分离技术等新兴技术也将得到广泛应用。特别是在工业生产过程中产生的挥发性有机化合物、无机污染物和合成气等废气的处理和资源化利用，已成为环境工程领域的重要课题[12]。例如，生物滤器在处理含硫气体（如 H_2S）和氨（NH_3）方面表现出高效率，而生物滴滤器则在处理含有机溶剂（如甲苯、丙酮）的废气方面显示出良好的性能。在合成气发酵技术方面，有研究表明，可以通过利用特定的厌氧微生物，将 CO、CO_2 和 CH_4 等气体转化为液态增值产品或生物燃料。这一过程不仅有助于减少温室气体排放，还能为化工行业提供原料，实现资源的循环利用。然而，合成气发酵技术在实际应用中仍面临一些挑战，如气体传递效率低、生产成本高以及产品浓度低等问题。此外，微生物电合成技术作为一种新兴的生物电化学技术，通过利用微生物在电极上的电化学活性，将 CO_2 和 H_2O 转化为多碳有机物，如乙酸、丁酸和己酸等。这一技术为处理气体提供了一种新的途径，尤其是在结合可再生能源（如太阳能和风能）供电时，显示出巨大的潜力。在资源回收方面，生物过程在处理含硫废气方面展现出独特的优势。例

6.4.1 环境和社会影响

冶金废弃物资源化利用面临的环境问题主要包括土壤污染、水体污染和空气污染。首先，冶金废弃物中含有大量的重金属和其他有害物质，这些物质在未经适当处理的情况下长期堆放，会逐渐渗入土壤，破坏土壤结构，降低土壤肥力。这不仅影响农作物的生长和产量，还可能通过食物链对人体健康造成潜在威胁[15]。其次，冶金废弃物中的有害物质可能随雨水冲刷进入河流、湖泊等水体，造成水体污染。这不仅影响水生生物的生存和生态系统的平衡，还可能污染饮用水源，对人类健康构成威胁。此外，废弃物的露天堆放或不当处理可能产生大量的粉尘和有害气体，这些物质飘散在空气中，不仅影响空气质量，还可能对周围居民的呼吸系统和免疫系统造成损害。

冶金废弃物资源化利用过程中所面临的资源浪费问题，根源在于多个方面。由于缺乏适当的处理技术和资源化利用方法，大量冶金废弃物未得到有效处理与利用，直接造成了废弃物中蕴含的金属、非金属等有价资源的浪费。不仅如此，现有的冶金废弃物资源化利用技术只能提取废弃物中的部分成分，仍会产生较多二次废渣，导致有价值的资源被废弃。此外，一些技术的处理成本较高，这也限制了其在实际应用中的推广，进一步加剧了资源浪费问题。

同时，缺乏完善的资源化利用体系和市场机制也是导致资源浪费的一个重要原因。目前，冶金废弃物的资源化利用尚未形成完善的产业链和市场体系，这直接影响了资源的有效利用。由于缺乏统一的收集、运输、处理和利用标准，整个过程的效率降低。另外，资源化利用产品的市场需求不稳定，也影响了企业开展资源化利用的积极性，从而加剧了资源浪费问题。除此之外，社会认知度和政策支持不足也是导致资源浪费的一个重要因素。由于公众对冶金废弃物资源化利用的重要性和紧迫性缺乏足够认识，环保意识不足，导致对废弃物处理的重视不够。同时，政府在政策制定和资金支持方面也存在不足，缺乏明确的激励和约束机制，使得资源化利用工作难以得到有效推进[16]。因此，加强公众教育和政策支持也是解决资源浪费问题的关键。

6.4.2 风险管理和安全保障

冶金废弃物内含重金属及其他有害物质，对环境和人类健康形成潜在威胁。为确保这些物质不泄漏到环境中，实施有效的风险管理与安全保障措施显得尤为重要。这要求我们必须执行严格的废物分类与处理流程，从而确保废物能在安全环境下进行存放与运输。进一步地，需构建稳固的地质防护和防渗系统，旨在避免废物与地下水和土壤的直接接触。同时，对废物存储区的环境状况，包括土壤、地下水和大气质量进行周期性监测，并采用技术措施，例如使用密封材料以及构建特定的废物处理设施，以保障废物的长期安全存储。不仅如此，制订应急计划和事故响应机制也是风险管理中的关键环节，以便在发生泄漏或其他突发事故时能够迅速而有效地进行应对。通过提升大众对冶金废物潜在危害的认知，以及采取相应的预防措施，可以进一步降低风险。

6.4.3 可持续性和社会责任

冶金废弃物资源化利用项目需要考虑长期可持续性和社会责任，冶金工程师需要确保项目设计和实施符合可持续发展的原则，最大限度地减少资源浪费和环境污染，为未来世代留下可持续发展的资源基础。如矿渣和炉渣等金属加工副产品，若经过适当处理和利用，不仅能减少对环境的负面影响，还能为社会和经济带来正面效益。通过将这些废物转化为有价值的资源，如将炉渣用作建筑材料或矿渣用于道路建设，可以减少对自然资源的依赖[17]。此外，冶金行业应采用环保技术以最小化废物处理过程中的污染物排放，并与政府机构合作，确保废物管理活动遵守严格的环境法规。同时，冶金公司需承担教育公众和提高废物处理意识的社会责任，与当地社区合作，确保透明度和获得社会支持。长期的环境监测和可持续性评估也是确保冶金废物可持续管理的关键。

冶金废弃物的资源化利用是一个复杂而多维的议题，涉及环境保护、社会经济发展、技术创新、风险管理以及工程伦理等方面，其中工程伦理在这一过程中扮演着至关重要的角色，需要确保在追求经济效益的同时，充分考虑到环境和社会的长远影响，实现冶金废弃物处理的社会责任和可持续性[18]。未来冶金废弃物的资源化利用应继续推动技术创新，发展更为环保和高效的处理技术。同时，循环经济和可持续发展的理念应更深入地融入冶金废物管理中，通过政策激励、公众教育和跨学科合作，促进废物的资源化利用。

6.5 典型案例分析

6.5.1 固体废弃物

江苏沙钢集团有限公司作为世界知名的钢铁材料制造和综合服务商之一，多年来一直坚持“减量化、再利用、资源化”的循环经济理念，探索出清洁生产、深化资源综合利用、发展循环经济的新模式。沙钢开发了钢铁流程固废高效资源化利用及近零排放的成套技术和方案，并建设了固废循环利用综合管理平台，使钢铁流程固废得到高效资源化利用，同时实现对铁矿尾矿、农林固废的高效协同处置，各项技术经济指标处于国际领先水平，具有显著经济效益、环境效益和社会效益，被评为国家大宗固废综合利用骨干企业和示范基地。

在打造固废零排放现代化绿色钢厂方面，沙钢开展了关于钢渣高效资源化利用技术的研究工作，并建成全球最大的钢渣处理生产线，实现生产线的连续、高效、稳定运行，使铁资源得到充分的回收，含铁渣返回钢铁流程循环利用，钢渣尾渣 MFe 含量（质量分数）小于 0.5%，用作水泥生产原料或制备钢渣微粉；针对钢渣尾渣的特性，开发了钢渣用于道路工程成套技术，生产出满足道路工程标准的钢渣，f-CaO 含量（质量分数）小于 3%，并成功用于道路的沥青混凝土层、水泥稳定混凝土层、透水混凝土层等，拓展了钢渣的应用领域，提高了钢渣的高附加值利用水平。如图 6-6 所示，沙钢近 600 t 钢渣成功应用于张家港市区梁丰路海绵化改造工程。

海绵城市，国际上称为“低影响开发雨水系统构建”（Low Impact Development，LID），其目标是使城市像海绵一样，有效吸收、渗透和缓释雨水。旨在通过模拟自然水循环过程，提升城市水资源的利用效率，减轻城市内涝问题，并致力于生态环境的保护与修复。这一理念与国家生态文明建设理念相契合，强调人与自然和谐共生的重要性。图 6-6 中沙

彩图

图 6-6 沙钢钢渣在海绵城市道路上的应用

钢钢渣所铺设的路段全长为 400 m，是张家港市海绵城市建设试点工程之一，也是苏州市第一条钢渣透水沥青混凝土道路。该改造项目工程中，沙钢主要提供 0~5 mm、5~10 mm 和 10~15 mm 三种粒级的合格钢渣，用于透水混凝土基层和钢渣透水砖的找平层，钢渣使用比例高达 100%。铺设的钢渣沥青注重路面透水性能，透水沥青混合料的空隙率达到 20%左右，渗水流量 15 s 达到 1000 mL，遇到降雨时，雨水能快速渗入地底。钢渣透水沥青道路还能有效地降低行车噪声、吸附城市污染物粉尘、减少扬尘污染、促进城市水循环。不仅如此，钢渣透水沥青道路的经济效益也很明显，同样是摊铺 400 m 长的道路，钢渣比传统玄武岩节省了近 10 万元。

据中国循环经济协会组织的科技成果评价，该项目成果在钢铁流程固废处理方面取得了突破，实现了钢铁流程固废高效资源化利用。该成果的成功运用，有助于提高钢铁流程清洁生产水平，助力钢铁流程实现固废零排放，具有非常显著的经济、社会和环境效益。该成果具有创新性、系统性和实用性，推动了冶金行业固废资源化技术的进步，具有很强示范引领作用，整体技术达到国际领先水平。

6.5.2 液体废弃物

冶金工业废水是指冶金工业生产过程排出的废水，主要特点是水量大、种类多、水质复杂多变。按废水来源和特点分类，主要有冷却水、酸洗废水、洗涤废水（除尘、煤气或烟气）、冲渣废水、炼焦废水以及由生产中凝结、分离或溢出的废水等。冶金废水很难进行循环利用，直接外排更会严重污染环境，所以掌握科学处理冶金废水的方法是冶金行业与企业治理环境污染、实现可持续发展的关键所在。针对冶金工业废水的处理和改善一直都是每一个发展中国家所面临的棘手的问题，为此我国很多科研人员和环境保护协会都在积极投入这场工业改善以及环境保护的战役中。冶金废水处理不仅应该是方式方法的改变，更重要的是治水思维的转变，厂家与水处理站协调运转，从源头上治理水，提升水循环利用率，才能真正提升其综合效益，节能降本。

沙钢集团在冶金废水处理方面采取了一系列高效和创新的方法，以实现环境保护和资源的可持续利用。沙钢集团的废水主要来源于焦化、烧结、炼铁、炼钢、轧钢等生产过程，生产废水中主要污染物包括悬浮固体（SS）、化学需氧量（COD）、油脂等。针对生产过程中有机废水，对焦化蒸氨废水和煤气冷凝水采用 A-O（Anaerobic Oxic）主体工艺处理，后期增加了反消化脱氮和高效催化氧化装置，以进一步去除总氮和有机污染物。针对冷轧废水，分别建有油废水处理系统、碱性废水处理系统、酸性废水处理系统，采用“破乳气浮+纸带过滤”“中和+气浮+好氧生化+物化”以及“中和+物化”工艺，确保废水处理后达标回用或外排。沙钢集团在废水处理上遵循“分类收集、源头控制、单独处理”的原则。通过实施清污分流项目，确保冶金废水得到有效收集和处理，杜绝废水进入雨水沟，实现清污分流。

江苏永钢集团有限公司同样位于江苏省张家港市，从 2008 年起，永钢相继建设了 2 座污水处理厂，日处理污水能力达到了 35000 t。目前，永钢每天的水循环量为 437 万吨，经过沉淀、过滤、超级过滤、反渗透处理，全部回用于相应的生产工序，实现了污水零排放。据统计，永钢吨钢耗新水 2.05 t，处在全国钢铁行业的领跑水平。为了进一步加强水体治理，永钢还在行业内率先建设雨污分流回收系统，并投资近千万元建设了船舶污水收集站，对厂区周边河道内的船舶污水，统一收集处理。

6.5.3 气体废弃物

冶金行业是一个高能耗、高物质消耗、高排放的行业，生产过程中会产生大量的气体废弃物，如烟尘、烟气、炉顶气等。这些废弃物的处理对于保护环境、维护生态平衡、提高资源利用效率具有重要意义和重要性。

永钢集团近年来大力推进引领性技术在节能降耗、绿色发展中的应用，2014 年，永钢建设 2 号 450 m^2 烧结项目，该项目应用了国内第一条具有自主知识产权的活性焦烟气脱硫系统，实现了脱硫、脱硝、脱二噁英、脱重金属、脱粉尘的“五脱”。2018 年 1 月，永钢开始从有组织、无组织、清洁运输方面实施超低排放改造，投产了包括烧结机头烟气脱硫脱硝项目、露天堆场封闭项目、厂区矿粉船运比例改造项目、柴油运输车辆淘汰更新项目等在内的多个超低排放改造项目。2019 年，永钢率先在苏州地区投用 20 辆电动重卡，每年可减少柴油消耗约 115 万升、减少二氧化碳排放约 3020 t。永钢在厂区内建设超低排放管控治一体化管理平台及数字化运营平台，如图 6-7 所示。该平台可对原料场、烧结、球团、炼焦、炼铁、炼钢、轧钢及大宗物料产品运输等生产环节实施升级改造，将生产设备、监测设备、治理设备等的运行数据、重点区域视频监控等信息接入平台，实现有组织排放、无组织排放及运输过程的绿色管理。借助 5G、鹰眼机器视觉、智能传感和大数据等技术准确、及时、全面地反映有组织、无组织、清洁运输的实时状况及变化趋势，为企业环境管理提供科学依据。在生产厂区，有近 400 台监测设备监控所有无组织排放源附近治理设施的运行情况及空气质量。控制室内的操作人员只需点击鼠标，就能在线监测环境、空气等情况，管理厂区和周边污染监控要素，通过数字化的手段实现节能降耗、环境保护。将钢铁生产中产生的蒸汽循环利用于农业生产和农民生活，探索出“钢铁产业绿色低碳全链赋能乡村振兴”的特色发展道路。2022 年 7 月，中钢协发布了全国钢铁企业超低排放改造和评估监测进展情况，永钢成为超低排放（有组织、无组织、清洁运输）达标验收的企业。

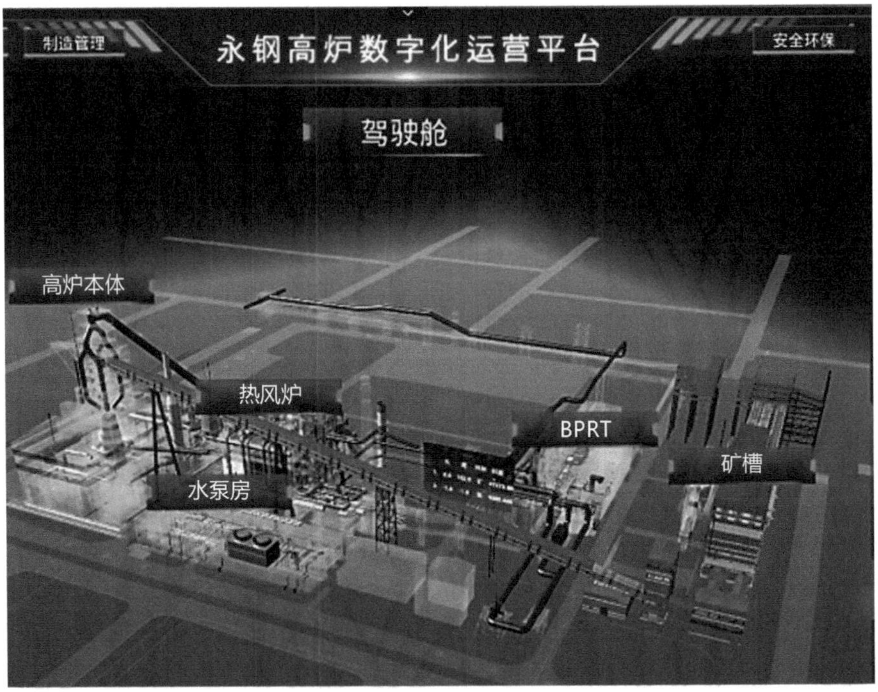

图 6-7　永钢超低排放管控治一体化平台

彩图

综合来看，该钢铁企业采取了以下措施来应对气体废弃物的危害。

（1）烟气回收处理。引进了先进的烟气净化技术，在高炉、炼钢等生产过程中收集烟气，通过电除尘、湿法除尘、脱硫等工艺进行处理，将有害物质和粉尘削减到最低限度，并回收其中的有价金属。

（2）炉顶气回收利用。运用炉顶气回收系统，通过收集高炉排放的炉顶气，将其用于燃烧器燃烧。这样不仅节约了能源，还减少了对有害气体的排放，降低了对环境的负面影响。

（3）生产气体利用。将高炉煤气、转炉煤气等生产气体进行分离和净化处理，将其用于燃烧和供应工业热能。通过利用这些生产气体，永钢集团不仅减少了燃煤产生的排放物，还降低了生产成本，并提高了能源利用效率。

通过上述措施，永钢集团有效地处理了冶金过程中产生的气体废弃物，实现了资源的回收利用和环境的保护。这些措施不仅符合国家环保政策的要求，还能为企业带来经济效益。

思 考 题

6-1 冶金废弃物资源化利用的现状和挑战是什么？

6-2 如何看待冶金废弃物资源化利用带来的社会问题？

6-3 冶金废弃物资源化利用面临的工程伦理问题有哪些？

6-4 通过案例分析，说明如何平衡资源化利用的经济效益和伦理责任。

6-5 在冶金废弃物资源化利用中，如何体现可持续性和社会责任？

参考文献

[1] 柳欢欢．钢铁工业固体废弃物资源化途径［J］．矿冶工程，2007，(3)：49-56.

[2] 王明玉，刘晓华，隋智通．冶金废渣的综合利用技术［J］．矿产综合利用，2003，(3)：28-32.

[3] 陈秋静，吴其胜，黄子宸，等．镍冶金废渣制备多孔陶瓷及其性能［J］．材料科学与工程学报，2021，39 (1)：111-116，146.

[4] 郭长路，高益凡，李召峰．利用冶金废渣制备高铁铝酸盐相胶凝材料［J］．材料与冶金学报，2020，19 (2)：105-112.

[5] 卢普光，刘莎，艾红梅．固体废弃物用于水泥熟料生产的研究进展［J］．硅酸盐通报，2014，33 (1)：112-116，138.

[6] Tastanov，Yerbulat，Nuriya Serzhanova，et al. Recycling of chrome-containing waste from a mining and processing plant to produce industrial products［J］. Processes，2023，11 (6)：1659.

[7] 生态环境部．中国生态环境状况公报［R］．2012.

[8] Hooshyar Hossini，Behnaz Shafie，Amir Dehghan Niri，et al. A comprehensive review on human health effects of chromium：insights on induced toxicity［J］. Environmental Science and Pollution Research，2022，29 (47)：70686-70705.

[9] Bing Li，Wei Sha，Yi-wen Zhen. An effective recycling direction of water-based drilling cuttings and phosphogypsum co-processing in road cushion layer［J］. Environmental Science and Pollution Research，2020，27：17420-17424.

[10] 中国有色金属工业协会．住房和城乡建设部公报［R］．2020.

[11] 宁平．冶金化工废气高值资源化利用关键技术及应用［J］．中国环保产业，2022，(2)：21-22.

[12] 王菲．使用膜技术对刚果（金）某铜钴矿湿法冶金废液进行浓缩分离研究初探［J］．世界有色金属，2023，(6)：163-165.

[13] 张伟，李立清，吴才贵，等．萃取冶金挥发性有机废气处理技术发展和应用实践［J］．矿产综合利用，2022，(5)：9-14.

[14] E G Shershneva. Progressive technologies of waste utilization as drivers of sustainable development［C］. IOP Conference Series：Materials Science and Engineering. IOP Publishing，2021，1079 (6)：062044.

[15] 张韵启．红壤旱地施用钢渣对大豆生长发育和土壤养分的影响［D］．南昌：江西农业大学，2016.

[16] 赵亮，王丽．冶金废弃物资源化利用工程伦理实践［J］．环境与发展，2016，33 (1)：20-25.

[17] 王子涵，牛哲，周子玥，等．冶金废渣在道路工程中的应用［J］．现代交通与冶金材料，2023，3 (6)：71-78，94.

[18] 刘涛，张晓明．冶金废弃物资源化利用工程伦理研究［J］．环境科学与管理，2017，24 (2)：45-50.

7 钢铁冶金工程伦理

课程思政

钢铁冶金工程作为现代工业的重要组成部分，不仅关乎国家经济的发展，更与环境保护、社会责任等多方面紧密相连。在工程实践中，钢铁企业涉及价值、利益、责任等方面的工程伦理问题。2023 年 3 月底，八钢 2500 m^3 HyCROF 商业化示范项目动工建设，6 月 6 日，八钢 2500 m^3 A 高炉停炉，2500 m^3 HyCROF 商业化示范项目主体改造工程正式启动。随后完成示范项目高炉区域点火正式投运、示范项目脱碳区域各项调试测试工作全部完成，全线打通了 HyCROF 商业示范项目。目前，高炉区域在脱碳煤气喷吹模式下，高炉炉况、煤气加压系统、安全控制及联锁系统等基本稳定，正按照产能爬坡计划逐步增加负荷验证。此项目最大的价值和意义是八钢富氢碳循环高炉成功获得了低碳冶铁技术，其可大幅降低燃料消耗，显著减少碳排放，预计将实现年减排二氧化碳近 100 万吨，相当于在新疆再造一个 1000 km^2 的森林，加速传统高炉快速降碳，助力国家实现碳达峰、碳中和目标。八钢低碳冶金 2500 m^3 HyCROF 商业示范项目如图 7-1 所示。

图 7-1　八钢低碳冶金 2500 m^3 HyCROF 商业示范项目

彩图

7.1 钢铁冶金的地位和特点

钢铁材料是社会经济发展的重要基础材料，钢铁冶金工程是重要的流程制造业和基础产业。钢铁资源丰富、成本相对低廉、材料性能优越、易于加工、便于循环利用，因此，钢铁是当前世界上重要的结构材料，也是世界上消费量最大的功能材料。

钢铁冶金是根据物理化学、热力学、动力学、传输原理和反应工程以及金属学等基本原理，从矿石中提取金属，经精炼，再用各种加工方式制成具有一定性能的钢铁材料的过程。其制造流程是由若干个相关的异质、异构的单元工序/装置所组成，上下游工序之间紧密衔接，上游工序是下游工序的基础，上游工序的输出即为下游工序的输入[1]。钢铁制造流程是由原料造块（烧结或球团）、炼铁、炼钢、轧钢以及钢材深加工等若干个工序组成的制造流程。从流程制造的特征分析，钢铁制造流程是由多工序协同、相互连接形成的整体系统，具有显著的层次性、过程性和复杂性[2]。典型的钢铁制造流程如图 7-2 所示。

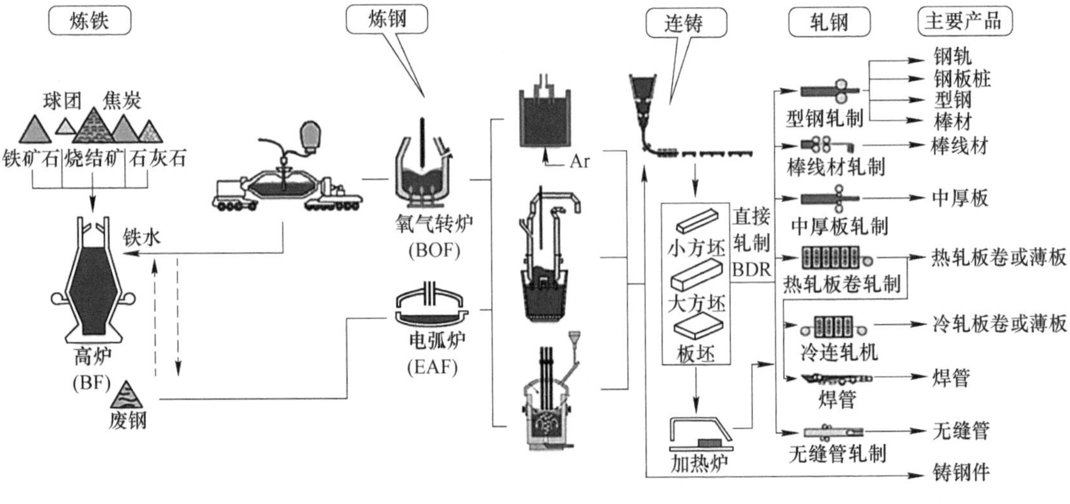

图 7-2 钢铁制造流程图

彩图

钢铁冶金工业属于典型的流程制造业，即原料经过一系列加工处理，获得具有特定物理化学性质或特定用途产品的工业。通过对钢铁制造流程追求动态—有序、协同—连续运行的物理本质研究，可以清晰得出：在未来绿色化的可持续发展进程中，钢铁制造流程将主要实现“三个功能”。即钢铁产品制造功能、能源高效转换功能和废弃物的处理—消耗和再资源化功能[1]。进而，从现代钢铁制造流程的三个功能的演化，可以得出钢铁产业的可持续发展必须遵循绿色化、智能化、减量化和品牌化的发展规律，不宜盲目、无序地扩大生产规模、粗放式发展，而应当在资源能源可获取、生态环境可承载、市场竞争可容纳的前提下，科学合理地确定不同类型钢厂、不同钢铁制造流程的市场定位、产品方案、工艺流程以及装备水平，进而使现代钢厂融入循环经济社会中[3]。

从热力学角度分析，钢铁冶金流程是一类开放的、非平衡的、不可逆的、由不同结构—异质功能的单元工序通过非线性相互作用、动态耦合等机制所构成的复杂系统，其动态运行过程的本质是耗散过程。这一认识是基于钢铁冶金流程宏观动态运行规律及其物理本质深入解析的结论，构建了冶金流程工程科学研究的理论基础和体系，特别是突破了经典热力学关于“孤立系统”“物料平衡与热平衡”等传统观点的束缚，建立起了开放、动态、有序、协同、集成等观念，显著提升了现代冶金学在工程科学层次上的理论深度与广度，有利于现代冶金学在工程科学（例如冶金流程工程学等）的理论指导下走向绿色化、智能化[4]。

现代钢铁厂的钢铁产品制造功能是在尽可能减少资源、能源和时间、空间消耗的基础上，高效率地生产出成本低、质量好、排放少且能够满足用户不断变化需求的钢材，供给社会生产和居民生活消费。能源转换功能与钢铁制造功能相互协同耦合，即钢铁生产过程同时也伴随着能源转换过程。以高炉—转炉—热轧流程为代表的钢铁联合企业为例，其实质是冶金及化工过程，也可以认为是将煤炭通过钢铁冶金制造流程转换为可燃气、热能、电能、蒸汽甚至氢气或甲醇等能源介质的过程。废弃物消耗、处理和再资源化功能，即钢铁厂制造流程中的诸多工序和装备可以处理、消耗来自钢铁厂自身和社会的大量废弃物，改善区域环境负荷，促进资源及能源的循环利用。

7.2 我国钢铁冶金工业发展现状

我国已经拥有完整、大规模的钢铁工业体系，配备了世界先进的装备、工艺和技术，能够提供丰富、齐全的钢铁产品。自 2015 年以来，我国钢铁行业认真贯彻落实国家决策部署，扎实推进科技创新、节能环保、降本增效等重点工作，努力巩固去产能成果，严禁新增产能，推动企业兼并重组，打造了如中国宝武钢铁集团有限公司这样的世界级钢铁企业。

我国钢铁冶金行业在结合产业发展要求和环保政策的指导下，经过不断努力和改进，取得了一定的成就。冶金行业的工艺结构逐步提高，引进了大量国外设备和技术，提升了技术装备水平，坚持创造出质量优良、技术过硬的产品。然而，在工业发展的同时，如何降低碳排放仍是我国钢铁冶金行业面临的重要问题。市场竞争日益激烈，钢铁需求的增长带来了巨大的产能，这将导致较大的资源消耗和环境影响。因此，需要对碳排放总量和强度进行约束，协调好碳排放和产业发展的平衡。未来，我国的钢铁冶金行业将以低碳持续发展为目标，通过采取新技术降低工业制造所产生的污染物，建立繁荣的生态圈。中国钢铁工业协会曾对当前钢铁行业做出评价，指出我国钢铁行业要转型为可持续发展行业就必须走绿色发展道路，坚持低碳排放，才能走向更高质量的发展之路，对于实现“双碳”目标，必须要从理性和客观的角度，对其进行清醒的认识。要想实现碳中和的目标，就必须解决最根本的问题——低碳技术，目前的低碳技术还有待进步，同时其创新性和突破性也有待提高，中国钢铁工业协会根据国务院下发的关于做好碳中和工作的意见以及相关低碳行动方案，编写出了我国钢铁冶金行业低碳发展的技术路线和美好规划，为各个大小的钢铁企业的具体落实提供了重要指引。

随着科技的进步发展，越来越多的先进技术被引入钢铁、冶金行业，比如大数据技术、自动化技术、信息技术等，共同助力加快冶金行业的生产步伐，实现钢铁冶金行业产业升级，提高冶金产品的技术含量和附加值，实现钢铁冶金行业的高端化、稳定化、长远化发展。

7.3　钢铁冶金面临的社会问题

7.3.1　低碳环保问题

在“十四五”期间，在一系列积极的货币和财政政策的作用下，我国固定资产投资增加，对钢铁总量的需求也有所增长。因此，钢铁生产规模不会下降，反而会提升，这给降低碳排放带来了困难。要实现全行业的节能减排需要时间。同时，还面临着废气处理技术设备不足和低碳发展基础储备不足等严峻挑战。

钢铁冶金行业受其特有生产工艺的影响，在生产过程中不可避免地引发了环境污染问题，这已成为当前亟待解决的一大挑战。目前，冶金行业的主要污染排放源包括四个方面：一是燃料的燃烧排放，大量的锅炉、窑炉等都需要消耗燃料；二是能源作为原材料用途的排放，能源本身也是优质的碳质还原剂；三是冶金工业生产过程中的排放，冶金过程有大量的化学反应会产生温室气体；四是购入的电力和热力消费产生的排放[5]。在低碳发展的新形势下，对我国钢铁冶金行业提出的新的要求是优化产业布局、调整能源结构、合理分配产品结构、更新工艺流程和技术装备、满足低碳排放要求、减少废气排放和废渣。

根据相关资料显示，全球钢铁碳排放量占所有能源系统排放量的70%，而在全国各个行业中，中国钢铁行业的碳排放量约占全国的15%，是生产制造行业中碳排放量最大的行业。因此，钢铁行业成为减少碳排放的主要目标。在碳达峰和碳中和的时间限制下，我们只有30年的时间。因此，在未来，我们需要约束碳排放总量，坚决不能超标。同时，低碳环境下的经济发展也面临挑战。

这些挑战包括四个方面：第一是资源方面，能源投入率不均匀，目前大多数能源仍具有高碳含量，其中煤和焦炭的占比接近90%；第二是钢铁炼制行业的产量巨大，其中粗钢产量占全球总产量的一半，在2021年占据世界总产量的53%；第三是我国拥有钢铁企业超过400家，但各个企业的发展水平参差不齐，冶炼能力也不同，大部分企业的基础设备相对落后；第四是低碳排放的处理工艺复杂，涉及多种碳排放机理。

7.3.2　三废治理问题

钢铁工业是国民经济发展的重要基础产业，是建设现代化强国的重要支撑，是实现绿色低碳发展的重要领域。当前，中国钢铁工业已进入转变发展方式的关键时期，能源资源供应紧张，原材料价格居高不下，且受环境容量制约，环保标准不断提高，钢铁工业面临着前所未有的挑战。发展循环经济是转变经济增长方式，实现钢铁工业可持续发展的必由之路。循环经济的实质是以尽可能少的资源消耗、尽可能小的环境代价实现最大的经济和社会效益，力求把经济社会活动对自然资源的需求和生态环境的影响降低到最低限度。发展循环经济要求钢铁企业提高资源利用效率，对生产过程中产生的废物进行综合利用，并延伸到社会其他固废的回收利用上。为了实现我国钢铁工业可持续健康发展，有效提高资源利用效率，降低污染排放，对钢铁固废及社会固废开展资源化利用具有十分重要的意义。

在钢铁冶金行业的生产过程中需要使用大量的水资源，从目前的发展来看，钢铁冶金行业对于水资源的使用并不合理，存在大量的浪费现象。另外，在生产的过程中，钢铁厂都会产生大量的工业废水，未能定期对相应装置进行检查，污水处理系统的运行不够稳定，对废水的处理不够彻底，甚至有相当一部分钢铁冶金企业将生产废水直接排放到附近水体环境中，使进入水环境的污染物量超过其开启本身的自净能力或纳污能力，导致水体丧失其原有的使用功能，由此造成严重的水污染问题。重金属离子的增多会加速藻类繁殖，引起赤潮现象，遭到污染的水资源不能被应用到人们的生活中，使用水安全难以得到保证，水资源的利用率下降，面临着枯竭的局面，对于地方经济发展及和谐社会构建产生了不良影响。

大气污染所引发的危害不胜枚举，钢铁冶金生产过程中许多工序会生成粉尘和污染物，比如说烧结、炼铁、炼钢连铸、轧钢等，运输车辆也会排放大量尾气，若是直接将生产废气排入大气环境中，会增加大气中二氧化硫、氮氧化物浓度，不但提高雾霾天气发生概率，而且这些污染物与水蒸气结合形成了酸雨降落，农作物、建筑和道路都会受到腐蚀，酿成不可估量的经济损失。钢铁冶金企业尚未能够从源头控制大气污染，运用的大气污染治理技术较为落后，难以实现对颗粒物和污染物的有效滤除，废气的持续聚集会让地方空气质量急剧下降，使人们患上呼吸道疾病，严重的会导致窒息死亡，可见钢铁冶金行业生产中强化对大气污染治理的迫在眉睫[6]。

钢铁生产过程中会产生大量的固废，主要包括冶金尘泥、炼铁渣、炼钢渣以及废旧耐材等。每生产 1 t 钢要产生各类固废约 600 kg，数量非常庞大，对这些固废进行资源化利用，不仅可以减少对环境的危害和资源的浪费，还能为钢铁企业创造显著的经济价值。钢铁冶金行业生产所产生的固体废弃物通常会应用于修桥铺路、土壤回填、建筑施工等领域中，有些废弃物会造成二次污染，持续释放有毒有害物质，打破生态平衡，让人们和动植物的生存家园变得满目疮痍，土壤失去活性，不适合农作物和绿色植物的生长，需要较长恢复期。钢铁冶金行业生产排放的废油、废酸等固体废弃物具有一定的危险性，如若没有进行妥善处理，会对人们的健康安全造成危害。与此同时，固体废弃物处理不合理还会影响到资源的利用率和使用效益，当务之急是要积极拓展固体废弃物的应用渠道，深入挖掘固体废弃物的价值，进一步提高资源利用率，实现钢铁冶金行业与其他产业的协同发展。

7.3.3　能源消耗及浪费问题

在时代不断进步的同时，中国的钢铁冶炼技术也得到了很大的发展。然而，在冶炼过程中，又会出现能量的浪费。因此，优化冶炼工艺，减少对资源能源的消耗，就变得十分重要。改革开放以后，伴随着市场经济在中国钢铁行业获得了巨大的发展，同时，为了更好地提升钢铁生产的效率，冶金技术也在持续地创新和发展，有关的企业要想持续地适应市场的需要，就需要不断地创新自己的冶金技术，只有如此，才可以持续地提升自己在市场上的竞争力。然而，在当前的环境下，很多的企业都会忽视对冶金过程中的节能效果的提升。因此，对钢铁冶金系统节能技术的研究是十分必要的，同时确保公司的经济效益、社会效益和资源能源效益都能得到充分的发挥。

伴随着国家节能低碳环保政策的持续加强，钢铁行业作为一个高能耗、高污染的行业，受到了国家的高度重视，并对其提出了更严、更高的要求。要想降低能耗，降低污染排放，就需要加快对节能技术的研发与应用，在钢铁冶金的生产过程中，采取各种节能技术，以达到降低能耗的目的，从而更好地符合国家和社会对钢铁企业的新标准与新需求。此外，对钢铁企业而言，面对着日益严峻的国内外市场环境，市场竞争也日益加剧，在这种情况下，钢铁企业唯有持续提升自己的生产效率，优化自己的产品质量，才可以在当前和将来的日益变化的市场环境中，保持自己的竞争力，这也是企业长久发展的内在要求。而节能则是企业降低运营费用、提升生产效率的一种主要方式，所以节能对企业自身的发展有着非常大的影响。

总而言之，随着钢铁冶金行业节能减排降碳工作的深入推进、钢铁冶金技术的不断创新与发展，将使整个钢铁制造行业迎来新的发展机遇和重大历史变革。企业要想具备持续性的发展潜力和竞争优势，必须强化系统节能技术的推广与应用，降低能源资源的成本投入。摆脱传统落后钢铁冶金技术的制约，开发出更为高效、节能的冶金技术，推动钢铁生产过程的大物质流、大能量流协同优化。在提升冶金质量的同时，提高企业的生产、资源和能源效益，从而在物质流和能量流的动态运行过程中更加有效地加强对其的综合调控，进一步提高能量的转换效率，不断提升企业系统能效水平，促进钢铁行业绿色高质量发展[7]。

7.3.4 污染治理制度及环境保护理念问题

部分钢铁冶金企业缺少健全完善的污染治理制度，难以对生产管理人员形成有力引导和约束，企业的宣传力度较小，没有将节能环保思想渗透给全体员工，不少生产人员的资源节约意识不强，对新型生产技术工艺的掌握不够牢固，生产操作中失误频频，原料投入过多，产出却比较有限，使用设备后没有及时断电，资源损耗和浪费较为严重。管理人员对钢铁冶金生产的监督缺位，没有履行好自身岗位职责，及时纠正生产人员的不当行为，创新意识和能力处于较低层次，没有重视研发节能减排技术，对相应系统装置予以定期检查，污染治理极易流于形式，企业获得的效益随之下降，要想追赶上发达国家的脚步，我国钢铁冶金行业改革仍任重道远。

随着当代科学水平的提高，加强环保、节约理念将会日益成为冶金行业的发展方向。因此，在整体的发展实践中，冶金工业如果要在短期内高速发展，就意味着企业必须转变旧的发展规划观念，要真正改变企业仅追求自身最佳生产经济效益与发展，而忽视环境污染等一系列陈旧落后的思想观念，应切实应用科学、绿色、环保的开发规划理念，并真正与国家中长期冶金工业科学发展规划体系相结合，实现冶金企业的可持续稳定发展。

环境保护理念教育意义重大且影响深远，有助于钢铁冶金行业相关人员形成环境保护意识，从而为可持续发展构建良好的环境。环境保护教育能够推动人们深入了解环境问题的现状和原因，认识到保护环境的紧迫性，以及人类发展与经济、社会和环境之间的平衡关系。同时，环保教育还有助于塑造冶金从业者的社会责任感，推动企业实施更为环保的生产实践，推动社会走向更具可持续性的未来[8]。

7.4　钢铁冶金工程伦理

钢铁冶金工程作为现代工业的重要组成部分，不仅关乎国家经济的发展，更与环境保护、社会责任等多方面紧密相连。在工程实践中，钢铁企业涉及价值、利益、责任等方面的工程伦理问题，并应遵循以下伦理。

7.4.1　安全生产伦理

钢铁冶金工程的首要任务是确保生产安全。工程师和管理者必须遵循安全生产标准，加强员工培训，提升安全意识，以防止事故发生。同时，必须不断优化生产工艺，降低事故风险，保护员工的生命安全。

当前我国安全生产事故多发并非经济、技术、管理、法制等单方面原因，也不是几方面因素简单叠加所致，在很大程度上涉及冶金工程师们的责任、良知、义务等伦理道德问题。既然如此，解决安全生产问题不能只从经济、技术、管理、法制这几个方面的显性力量来考量，还必须要从提高人的安全道德意识和道德水平等隐性力量方面来考虑。让安全生产的道德要求内化于个人和全社会的道德意识之中，外化于安全生产的各个环节。通过在企业和社会中构建一种以安全生产为善、不安全生产是恶为导向的安全生产伦理道德理念，并借助其特有的持续影响力、广泛渗透力和扩张力，引发企业各级管理者和广大职工安全观念的转变，引导全体职工养成正确的安全道德意识、安全思维方式和安全行为习惯，突破安全生产工作中的瓶颈，进而达到卓越的安全管理水平，在塑造本质安全人的基础上，建设本质安全型企业和社会[9]。

7.4.2　社会责任和可持续发展伦理

作为社会重要组成部分，钢铁冶金企业应承担起应有的社会责任。企业应通过慈善捐赠、公益活动等方式回馈社会，为改善民生、促进社会和谐作出贡献。同时，应积极响应国家政策，配合政府部门的监管，为行业的规范发展贡献力量。

钢铁冶金工程应坚持可持续发展理念，平衡经济、社会和环境三方面的利益。通过优化生产工艺、提升资源利用效率、推动绿色生产等方式，实现钢铁冶金行业的可持续发展，为子孙后代留下更加美好的生态环境和生活条件。

可持续发展伦理价值的哲学基础是人与自然和谐的辩证发展。它决定了可持续发展伦理价值的基本取向是：在人与自然的关系、人与人的关系及其相互之间的关系上，全面体现公平与协调发展的理念。这一价值取向要求可持续发展伦理价值的立场实现以下转换：从人与自然的对立与分离向和谐共处发展，从人与人的对立和不平等向平等互利发展，从以经济为目的的单向度追求向人与社会的全面协调发展。

当今，可持续发展作为一种崭新的社会发展观，受到了人们的普遍关注。越来越多的人认识到，人与自然是不可分割的，人的发展必须以自然界的存在为前提。对自然界的有效维护，并不是放弃人的主观能动性。人类是地球自然界的一部分，只有以全球整体利益为出发点的环境保护，才有较大的安全性和包容性。人类社会必须树立可持续发展观，必须保护生态环境和合理利用资源，必须把促进当前的经济、社会发展和保障未来的持续发展统一起来，积极地肩负起责任，自觉地调整行为，力求正确认识和运用自然规律，通过相互依赖、互惠互补，与自然界和谐相处、协调发展，最终达到既改造自然，又不破坏自然；既满足当代人的需要，又不对后代人满足其需要的能力构成危害的发展目标，以全面长远地为人类创造良好的生存条件，逐步提高生活质量，推动整个社会走上生产发展、生活富裕、生态良好的文明发展道路[11]。

7.5 典型案例分析

7.5.1 安全生产伦理案例分析

2023 年某钢铁公司炼铁厂一号高炉在生产过程中炉缸烧穿，液态渣铁遇冷却水发生喷爆，造成多人受伤。以此爆燃事故为例，分析工业安全事故在工程伦理方面的诱因，提出事故的防范措施。

7.5.1.1 事故概况及影响

此事故的原因是企业安全意识淡薄，重生产轻安全，违规冒险生产。发生事故的一号高炉于 2012 年投用，已经处于炉役后期，此阶段需格外关注炉缸安全状态。高炉西出铁口主沟漏铁，企业将东西两侧出铁口交替出铁临时改为东出铁口单侧出铁，泄漏的铁水将用于实时监测炉缸温度的热电偶信号参数传感器烧毁，企业在没有意识到单侧出铁对炉缸耐火材料的侵蚀影响、没有实时监测炉缸温度的情况下，危险运行 16 h。

该公司安全管理混乱，逃生通道布局、主控楼功能设置等多方面存在安全隐患。事故高炉东侧 50 m 左右为主控楼，靠近和远离高炉本体的两头端部均设有楼梯间。当炉缸烧穿，高炉冷却水遇泄漏的液态渣铁迅速汽化，大量高压蒸汽冲向主控楼，气浪冲破窗户进入靠近高炉本体一侧的楼梯间，造成从此处逃生的人员伤亡。该主控楼兼作办公楼，部分职能部门行政人员在楼内办公，增加了该区域的安全风险。炼铁厂厂长、炉长、工长等人仅关注高炉日常生产的技术指标，对炉役后期的安全风险缺少基本认知，对需重点监控的高炉耐火材料厚度、热电偶温度、热流强度等重要参数不关注、不了解、不掌握，未采取相应的预防控制措施。

7.5.1.2 事故工程伦理诱因分析

事故的直接原因是企业在没有意识到单侧出铁对炉缸耐火材料的侵蚀影响、没有实时监测炉缸温度的情况下，危险运行 16 h。经调查认定，该事故是一起重大的爆燃责任事故。企业为什么没有按规定检修？为什么缺乏必要的事故应对措施？这就涉及了工程伦理的利益与责任伦理问题。

企业生产的目的是获得收益，满足利益相关者的利益，而有些企业将安全投入视为生产成本的增加，忽视了员工与社会公众的安全利益，这也说明企业价值定位出现了偏差。作为高危行业，安全管理混乱。管理人员及操作人员纪律涣散，不能对生产装置实施有效监控；操作规程过于简单；设备未按规定进行检修。企业安全管理部门明显存在监管责任，如果及时发现安全隐患并整改，就能避免事故的发生。

7.5.1.3 工程伦理视角的事故防范措施

城市工业安全事故的预防主体是工业企业自身，需要企业明确自己的价值观念，履行安全责任与社会责任，始终将公众的安全、健康和福祉放在首位，只有这样才能够有效地进行安全管理，避免安全事故的发生。为了预防城市工程安全事故的发生，降低工业安全事故的影响，应从完善政策法规、改进监察机制、加强社会监督以及提高工程伦理教育水平四个方面提出具体的措施，如图 7-3 所示，避免类似安全事故的发生。

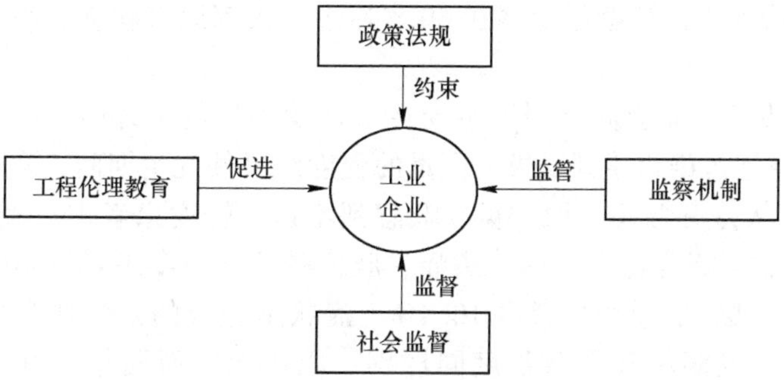

图 7-3 安全事故防控措施

通过安全生产政策法规的不断完善，有效约束企业的安全行为，促使工业企业正确认识企业的工程价值，明确履行安全责任和社会责任，进而加强企业安全投入和员工安全培训，提升企业的安全管理水平。安全监察是保障企业安全运行的有效手段之一，因此，相关单位应该结合企业特征、安全生产状况、环境变化等及时修订完善监督检查机制，充分发挥监督检查的作用，及时发现并消除安全隐患，以免事故的发生，造成较为恶劣的社会影响。

7.5.2 社会责任和可持续发展伦理案例分析

多诺拉事件也称多诺拉烟雾事件，是 1948 年 10 月发生在美国宾夕法尼亚州多诺拉的以二氧化硫及其氧化产物等多种污染物综合形成的一起严重的大气污染事件。事件导致 20 余人在一周内死亡，近 6000 人（约占当地居民的 43%）感到不适。多诺拉事件被认为是“美国历史上最严重的空气污染灾难之一”。

多诺拉是美国宾夕法尼亚州匹兹堡市南边 30 千米处的一个工业小城镇，居民约 14000 人。在多诺拉的狭长平原上有很多工厂，其中有三个大厂，即钢铁厂、硫酸厂和炼锌厂。从远处看，只能看到这些工厂的烟囱。长期以来，这些烟囱一直在将烟喷到大气中去。这里的居民们和绝大多数城市的居民一样，幸运的是风通常将污染物混入相当厚的大气层，被污染的空气总是顺风扩散到很远的地方。

1948 年 10 月 26 日，一高压区移过宾夕法尼亚州西部的上空，并且在紧跟着的 5 天之内保持不动。在最低的 600 m 的大气层内，风力十分微弱，大多数的时间为静风状态，只是在短时间内风力有微小的增高，空气处于“热稳定”状态，空气很少有上下的垂直移动。地处山谷底部的多诺拉比周围地势低约 120 m。在 1948 年 10 月 26 日到 31 日间，逆温覆盖了山谷。这样，排出的烟大量封闭在山谷内壁和逆温顶部之间。当时的记载是这样的：10 月 27 日清晨，烟雾覆盖着多诺拉，气候潮湿寒冷，阴云密布，地面处于死风状态，整个这一天和第二天就这样笼罩在烟雾之中，而且烟雾越来越稠厚，几乎是凝结成一块。在午后视线也仅仅能看到街的对面，除了烟囱之外，工厂都消失在烟雾中。空气开始使人作呕，甚至有种怪味。这是 SO_2 的刺激性气味。那天每个外出的人都明显感觉到这一点，但并没有引起警觉。SO_2 的气味是在燃烧和熔炼矿物时放出的，在多诺拉的每次雾期中都有这种污染物，只是这一次看来比平常更为严重些。随后，小镇中就有人突然发病，其中有人很快死亡。死者年龄多在 60 岁以上，大都原来就患有心脏病或呼吸系统疾病。

美国联邦公共卫生局会同该州卫生局在事件发生后两个月内进行了调查，结果如下：5 天之内，空气污染积累到了极为严重的程度。事件发生期间，多诺拉发病人数共 5911 人，初期症状是呼吸道、眼、鼻、喉感到不适。轻度患者占居民总数的 15.5%，症状是眼痛、喉痛、流鼻涕、干咳、头痛、肢体酸乏；中度患者占 16.8%。症状是咳痰、胸闷、呕吐、腹泻；重度患者占 10.4%，症状是综合的，各种症状中咳嗽是最普通的。调查证明，发病率和严重程度同性别、职业无关而同年龄有关。患者年龄在 65 岁以上的超过 60%；死亡 17 人，年龄介于 25 岁和 84 岁之间，平均 65 岁。死者有一个共同点，即原来都患有心脏或呼吸系统疾患。尸体解剖记录证明死者肺部都有急剧刺激引起的变化，如血管扩张出血、水肿、支气管炎含脓等。在事件发生的当时虽然未作环境监测，但仍然可推断二氧化硫浓度为 0.5~2.0 μL/L，并存在明显尘粒。据此，有人认为正是由于小镇上的工厂排放的含有二氧化硫等有毒有害物质的气体及金属微粒在气候反常的情况下聚集在山谷中积存不散，这些毒害物质附着在悬浮颗粒物上，严重污染了大气。人们在短时间内大量吸入这些有毒气体，引起各种症状，以致暴病成灾。

事件发生后，美国政府对当地居民进行了及时的疏散，同时对钢铁厂进行了整改，减少了 SO_2 和粉尘的排放量，并加强了当地居民的健康教育。该事件的发生，使得人们开始重视空气污染问题，加强了对空气质量的监测和管理。

多诺拉事件是一起由天气原因及钢铁冶金的气体排放共同引起的空气污染。这个其中既有钢铁厂排放污染气体的不规范，也有治理人员对污染治理意识的淡薄。

首先，构建完整的绿色发展体系，是有效治理冶金行业污染、推动其向环境友好型转型的关键所在。这一体系应该贯彻环保理念，从生产的每一个环节传递至最后一步。包括在生产过程中节约材料的要求，在营销活动中强调环保，通过财务管理减少不必要的开支，以及在技术研发中加强废弃物的处理等。每一步都要得到有效落实，建立起减污降碳协同管理机制。结合新政策的要求，严格要求企业自身，力争做到冶金行业减污降碳过程的协同统一治理。同时，作为普通生产行业的冶金产业应积极主动向绿色可持续发展转型，成为既有产能又保护环境的新兴产业。实现这一目标需要增强企业文化中的环保意识，扩展市场产业链并改革创新生产技术智能化。只有标本兼治，才能在每个环节上减少污染，解决冶金行业高能耗和高污染的问题。具体措施包括建设绿化厂区，利用植物的空气净化作用降低空气污染，为员工提供良好的工作环境，确保员工能够切实感受到绿色管理理念所带来的变化。这样可以形成良好的企业环保文化，使各级员工积极支持和配合环保管理制度的落实，从而得到民众的基础支持。

其次，在冶金行业转型为绿色可持续行业的过程中，需要引导治理人员提高环保意识。为此，应进行相关环保知识培训，加强他们对环保意识的认知，并认识到污染治理的严重性。只有治理人员正确地树立观念，才能正确找准方向进行污染治理并提出有效措施。同时，在污染治理方面要以身作则，带领更多人进行污染治理。在钢铁冶金生产过程中，要积极应用先进的技术和污染治理设备，使行业发展朝着生态环境建设的方向发展。

最后，研发再利用技术，善用科学技术可以推动冶金行业向更高层次发展。这不仅能提高经济效益，也在污染治理方面起到重要作用。因此，在当前冶金行业的废气废水处理设备上应进行再利用技术的研发，最大限度实现资源循环利用，同时降低废弃物对环境的污染。然而，目前我国的再利用技术相对于国外还有较大进步空间。因此，我们可以结合国外钢铁冶金生产中的废弃物处理方法，考虑国内冶金企业的实际排放情况和环境，借鉴国外的成功经验，开发出具有自身特色的再利用技术和产品。通过废弃物再利用技术，在整个钢铁冶金生产过程中，对废弃物进行二次处理，得到有用的物质，从而完善生产流程，实现资源的高效利用。同时，将各种回收的资源配置给其他行业，实现循环利用，从而降低工业生产对周围生态环境的破坏。这不仅有助于环境保护，还能进一步节约资源。

思 考 题

7-1　简述钢铁冶金工程的特点和地位。

7-2　我国钢铁冶金工业发展面临哪些社会问题，如何解决钢铁冶金行业的邻避效应问题？

7-3　如何看待钢铁冶金工程中的低碳环保和三废治理问题？

7-4　钢铁冶金工程中的工程伦理主要体现在哪些方面？

7-5　通过案例分析，讨论钢铁冶金工程事故中的工程伦理诱因及防范措施。

参考文献

[1] 殷瑞钰. 冶金流程工程学 [M]. 2版. 北京：冶金工业出版社，2009：1-10.

[2] 殷瑞钰. 冶金流程集成理论与方法 [M]. 北京：冶金工业出版社，2013：14-16.

[3] 张春霞，殷瑞钰，秦松，等. 循环经济社会中的中国钢厂 [J]. 钢铁，2011，46（7）：1-6.

[4] 张春霞，王海风，张寿荣，等. 中国钢铁工业绿色发展工程科技战略及对策 [J]. 钢铁，2015，50（10）：1-7.

[5] 张悦. 新形势下冶金行业低碳环保现状浅析 [J]. 中国金属通报，2023，（7）：4-6.

[6] 李新创，刘坤坤，刘涛，等. “2+26”城市冶金行业大气污染管控方案 [J]. 钢铁研究学报，2023，35（4）：482-488.

[7] 栗楠. 环境保护理念在钢铁冶金中的应用——评《钢铁冶金的环保与节能（第2版）》[J]. 中国有色冶金，2024，53（1）：161.

[8] 牛永辉. 钢铁冶金系统节能技术探讨 [J]. 中国金属通报，2023，（11）：4-6.

[9] 陈明利. 企业安全文化与安全管理效能关系研究 [D]. 北京：北京交通大学，2012.

[10] 杨洁，赵辉兵. 多诺拉烟雾事件与美国现代环境政治初兴 [J]. 经济社会史评论，2020，（2）：85-94，129.

8 有色冶金工程伦理

课程思政

越王勾践剑，这把春秋晚期的越国青铜器，不仅是中国一级文物，更是被誉为“天下第一剑”。它于1965年在湖北省荆州市荆州区江陵望山一号墓出土，现被湖北省博物馆珍藏。剑身长55.7 cm，柄长8.4 cm，剑宽4.6 cm，重875 g。这把剑不仅是青铜武器中的珍品，更是中国古代青铜铸造工艺和科技的杰出代表，展现了当时短兵器制造的最高水平。越王勾践剑的制造过程中，工匠们不仅运用了当时最先进的铸造技术，还在剑的设计上进行了创新，如独特的剑首同心圆设计、精美的花纹装饰等，这些都体现了工匠们的创新意识和探索精神；剑首外翻卷成圆箍形，内铸有间隔只有0.2 mm的11道同心圆，展示了工匠们对细节和精度的极致追求；其历时千载而不锈，且具备金属记忆功能，这反映了工匠们对产品质量的极致追求和严格把控。制造越王勾践剑的工匠们对自己的工作有着极高的职业操守和责任心，这种对工作的敬业精神和责任感是工匠精神的重要组成部分。越王勾践剑及剑身所刻鸟篆字放大图如图8-1所示。

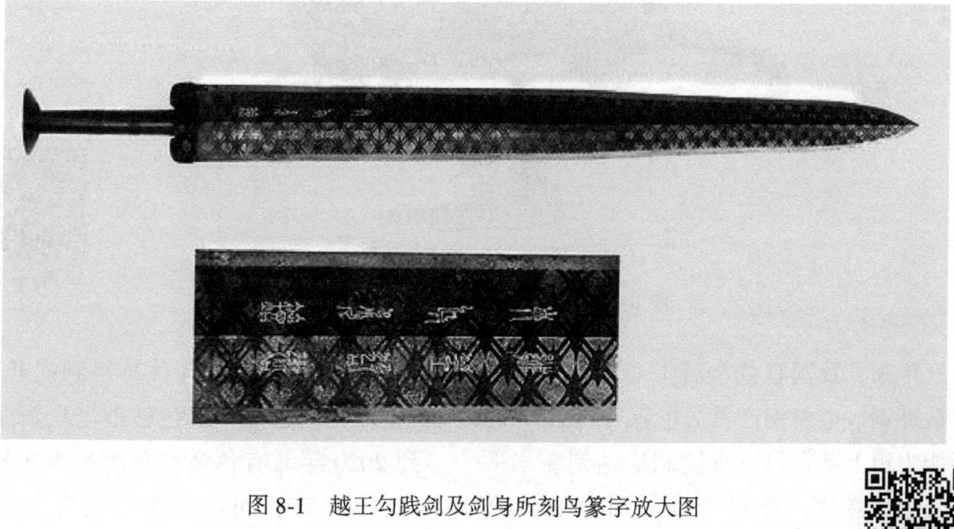

图8-1 越王勾践剑及剑身所刻鸟篆字放大图

彩图

8.1 有色冶金生产及发展现状

8.1.1 有色冶金生产现状

我国是有色金属生产和消费第一大国[1]，有色金属是除铁、锰、铬之外的所有金属的统称，通常分为重金属（如铜、铅、锌）、轻金属（如铝、镁）、贵金属（如金、银、铂）及稀有金属（如钨、钼、锗、锂、镧、铀）。为了统计之便，各个国家一般选取其中生产产量大、应用范围较广的 10 种金属为样本，作为推算有色金属产量的依据。具体归纳到我国，经国家统计局批准，自 2023 年起，则为铜、铝、铅、锌、镍、锡、锑、镁、钛、硅 10 种有色金属。

有色冶金是一个涵盖了从矿石、精矿、二次资源或其他物料中分离出伴生元素，以产出有色金属或其化合物的生产过程。这个过程通常包括熔炼、精炼、电解或其他方法，从有色金属矿、废杂金属料等有色金属原料中提炼出常用金属。人类最早从矿石中冶炼金属的过程就可归类为有色金属冶炼，出土的铜制文物可追溯至公元前上千年，如图 8-2 所示。

彩图

图 8-2　中国的铜制文物——马踏飞燕

近年来，我国有色金属工业转型升级成效显著，主要表现在规模优势得到提升，粗铜、精炼铜、电解铝产量居世界首位，产能结构调整取得新进展；绿色转型呈现新面貌，创新能力迈上新台阶，智能制造达到新水平[2]。到 2020 年时有色金属总产量为 6188 万吨，其中精炼铜、铜材产量分别为 1003 万吨和 2046 万吨，同比增速分别为 7.4% 和 0.9%；氧化铝、电解铝、铝材产量分别为 7313 万吨、3708 万吨和 5779 万吨，同比增速分别为 0.3%、4.9%和 8.6%。再生有色金属产业规模不断壮大，2020 年总产量达到 1450 万吨，占 10 种有色金属总产量的 23.5%。其中，再生铜产量为 325 万吨（对应占比为 32.4%），再生铝产量为 740 万吨（对应占比为 20%），再生铅产量为 2400 万吨（对应占比为 37.25%）。随着治理不断生效，有色金属冶炼行业重点金属的综合能耗逐步下降。在 CO_2 排放量方面，2020 年有色金属工业为 6.6×10^8 t，占全国总排放量的 4.7%。其中，铝工业CO_2排放量约为5.5×10^8 t，铜、铅、锌等其他有色金属冶炼业约占9%，铜、铝压延加工业约占10%。而在2023年全国有色金属产量也首次超过7000万吨，达到了7469.8万吨。

在全球范围内，有色金属在汽车、电子和基础设施等行业的应用不断增加，铝、铜、锌和铅等有色金属的需求也正在迅速增长。2021年，我国再生有色金属产量1572万吨，较2012年增长50%以上，占原生金属产量的1/4。2021年，有色金属行业实现利润3508亿元，是2012年的2.1倍。铜冶炼、铅冶炼和电锌综合能耗相比2012年分别下降33.7%、27.8%和3.0%。吨铝综合交流电耗下降333 kW·h，均为世界领先水平。20多年来，我国钢铁及有色金属产量呈现较快增长态势，未来仍将保持适度的增长率，如图8-3所示[3]。

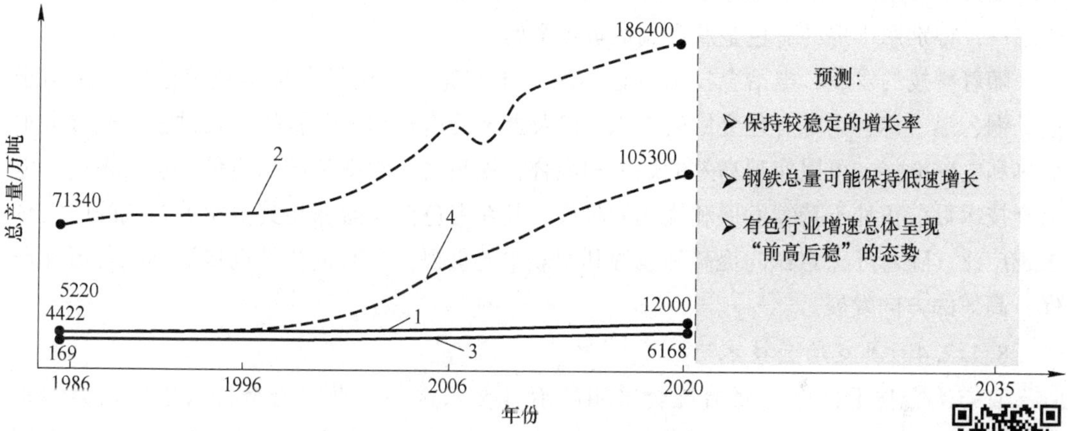

图8-3 世界及中国钢铁与有色金属产量变化趋势[1]

1—世界有色金属产量；2—世界精钢产量；3—中国有色金属产量；4—中国精钢产量

彩图

8.1.2 有色冶金技术分类

8.1.2.1 火法冶金技术

作为在我国使用时间最为久远的火法冶金技术，不仅没有在当今科学技术快速发展的时代被淘汰出局，反而依旧坐稳我国冶金技术的一把手位置。在有色金属的火法冶炼中，所采用的矿石多为铜、铅、锌、锡等，以高温提取的方式对矿石进行富集、冶炼和精炼，使其杂质慢慢被分离，剩下的物质就是生产所需要的金属产品。

8.1.2.2 湿法冶金技术

在实际运用中，湿法冶金技术除了冶炼工业外，还涉及了其他的各种金属冶炼工业。湿法冶金在主要以矿物分解的有色金属冶炼中将其还原为金属，具体做法如下：第一，有用的成分提前转入进溶液中，实现残渣分离需要将溶液进行浸取，然后对从残渣中分离出来的冶金溶剂、金属离子进行洗涤和回收；第二，富集净化后的浸取溶液；第三，有色金属或者有色金属化合物从净化液中被提取出来。目前，在锌、铝和铀等有色金属及其化合物的生产中，大部分生产都是用湿法冶金技术来对矿物进行冶炼。湿法冶金技术对于环境的保护发挥着积极的意义：原料中的有价金属能被湿法冶金技术高效回收，并且连续、自动化生产。现今，原始的锌湿法冶炼技术逐渐被淘汰，并在与时俱进地进行着快速发展。压井工艺在近年来的研发中有了新的进步，进一步简化了氧压浸出工艺，发展了常压浸出工艺，其有着更加简单便捷的操作和控制方式，浸出的回收率不断得到提高，并且常压浸出工艺在实际使用中也取得了不错的成效。

8.1.2.3 电冶金技术

电冶金技术是以电能为基础进行运行和加工金属的过程。电冶金技术可以细分为电热冶金和电化冶金两种。电热冶金主要是将电能转化为热能来提取金属，而电化冶金则是通过电化学反应从溶液或熔体中提取金属。铝金属的冶炼是电冶金技术被主要使用的途径，电冶金技术借助简单的冶炼原理实现最佳的冶炼效果，是冶金工业部门提取金属的重要方法之一，特别用于提纯有色金属和制取贵重金属。

随着科技的发展，电冶金技术也在不断进步和完善。现代电冶金技术已广泛应用于铝、铜、镍、锌、锡等有色金属的冶炼，以及合金的冶炼和废金属的回收过程。通过电炉加热和电磁搅拌，可以实现高效的熔炼和混合，提高冶炼效率和产品质量。总的来说，电冶金技术目前正处于持续发展和优化的阶段，其在有色金属冶炼和其他相关领域的应用越来越广泛。随着环保意识的提高和能源利用效率的重视，电冶金技术也将继续朝着更加环保、高效的方向发展。

8.1.2.4 真空冶金技术

真空冶金技术也是金属冶炼会采用的冶金技术之一。真空冶金技术之所以会被采用，究其原因是提炼金属的方式与火法冶金技术相同，都是采用高温提取的方式。不同之处在于，真空冶金技术的高温处理不是普通的高温处理，而是对金属采用高温无氧化的方式进行处理，在真空环境中对金属进行加工，金属在这种真空环境中进行高温无氧化的处理后冶炼出来的质量能得到保障。例如钨合金、钛合金、镍基合金等在真空冶金的工艺下气孔和氧化物的含量能够大大减少，从而提高合金制品的性能。300 年前，真空冶金技术就被发现并投入使用，虽然真空冶金技术在进行推广使用过程中取得了极佳的使用效果，但我国的真空冶金技术目前还处于发展的初级阶段，所以说还拥有着巨大的成长空间。固态金属或者液态金属都可以在真空环境下使用真空冶金技术进行冶金提炼，究其原因是容易对冶金过程产生干扰因素的空气杂质在冶炼过程中消失了，在真空环境中冶炼提取出的金属有着更加稳定的性质。同时真空冶金技术对生态环境很友好，不会对环境造成污染。真空冶金技术借助其自身优势，在我国得到了广泛应用。

8.1.2.5 生物冶金技术

生物冶金技术又称为微生物冶金或生物浸出技术，主要依靠适温细菌等微生物，这些微生物通常以黄铁矿、砷黄铁矿和其他金属硫化物如黄铜矿和铜铀云母等为食，通过氧化作用获取能量，并使得矿石从不溶于水变成可溶，进而人们能够从溶液中提取出矿物。这种技术结合了微生物的特殊性质与湿法冶金等工艺，优势在于其能耗少、设备简单、操作方便、成本低、工艺流程简单以及无污染等特点。目前，世界上生物冶金技术已在铜、金、铀的提取方面有所应用，国外生物冶金处理对象主要是次生矿和氧化矿。中国在生物冶金应用方面才刚刚起步，由于国内有90%为复杂低品位原生硫化矿，因此这一技术应用前景十分广阔。与传统的冶金方法相比，生物冶金不仅提高了金属的回收率，还实现了绿色环保的资源利用。然而，生物冶金技术的浸出过程相对较慢，且浸矿菌种的活性也会影响生物冶金的效率和效果。例如，罐浸出的时间通常为4~6天，而堆浸的时间更是长达200~300天。这与传统的焙烧和高压氧化方法相比，所需时间明显更长，此外生物冶金技术并不适用于所有类型的矿床，难以处理碱性矿床和碳酸盐型矿床。

8.2 有色冶金生产面临的伦理问题

随着我国经济的快速发展，科学技术的进步，制造业的发展促进了有色金属的需求，有色金属行业也迅速发展起来，随着有色金属行业规模的逐渐扩大，各项生产设备的引入，有色金属产量的提高，为有色金属企业带来了巨大的效益。目前有色金属工业的发展面临着一些问题和挑战，比如有色金属行业安全生产管理、产业规模大，存在产能过剩的问题；除此之外，作为高耗能、高排放部门，有色金属工业所面临更重要的发展问题是资源环境约束、可持续发展以及节能减排的挑战[4]。而有色冶金行业面临的工程伦理问题涉及多个层面，其中包括但不限于环境责任、资源可持续利用、工人权益保护、健康安全标准以及社会责任等。在实施有色冶金项目时，工程师和技术人员应当遵循一系列伦理原则和标准，以确保技术的应用不仅促进经济发展，同时也保护环境和人民群众的健康，符合社会主义核心价值观[5]。

8.2.1 环境保护层面

有色金属行业是一个对环境影响比较大的行业，在对包括铝、铜、镍、锌等金属的冶炼加工过程中会排放大量硫化物、氧化物等大气污染物和废水中的重金属离子，并会产生大量的固体废物，如炉渣、污泥、灰渣和尾矿。据全国固体废物管理信息系统统计，2018年十大重点行业的危险废物产生量共约4897万吨，占当年危险废物产生量的69%。其中产生量较大的行业是炼焦、常用有色金属冶炼、贵金属采选等，常用有色金属冶炼业产生量772万吨，占当年危险废物产生量的15.76%。有色金属冶炼废渣已成为造成土壤严重污染的主要原因，如图8-4所示。这些废物中可能富含有毒有害物质，会对土壤、水源、植被等环境要素造成污染[6-7]。同时，在冶炼过程中也会产生大量尾矿，其中可能包含有转移危险废物的可能性。这些固体废物和尾矿一旦进入环境，就会对生态系统造成不可逆转的破坏。

从环境层面上来看，作为传统“两高”行业，有色冶金行业在全生命周期的生产过程中，伴随着对资源的高消耗和环境的高污染。在矿产开采环节，对地表的损毁会破坏植被和野生动物的生存环境，地下开采会引发土地塌陷、山体滑坡等次生地质灾害。在冶炼生产环节，由于技术落伍、管理不到位或者出于成本控制等目的，导致废水、烟气无组织排

图 8-4 有色冶金过程产生的炉渣

彩图

放以及废渣、尾矿渣中重金属超标等环保问题[8]。据历年中央生态环保督察披露，已有多家有色冶金企业被发现存在环保主体责任缺失、环境违法、生态破坏等问题。环境问题仍是有色冶金企业发展过程中面对的一大伦理挑战[9]。

据相关统计结果，2021 年有色冶金渣排放量超 3000 万吨，而综合利用率仅 60%，远不及黑色冶金渣 90%以上的利用水平，造成有色冶金渣的堆存量呈指数型增长。同时，当前冶金行业缺乏有效的环境监测手段和体系，导致企业对环境污染的情况了解不足，增加了污染治理的难度，加剧了环境保护的难度和复杂性。另据统计，21 世纪初我国有色冶炼废渣已经超过了 1000 万吨，有色金属采矿业将近 80 万吨，而有色金属冶炼将近 1060 万吨，因此围绕着冶金废渣等方面落实二次循环利益是建设和谐社会的重要因素之一，将废渣以及尾矿当中性价比较高的金属物提炼出来，是确保矿山和其他废弃物向着资源化方向发展的主要方式之一[10]，见表 8-1。在开展冶金工业日常生产工作的过程中，工作人员必须深入了解有色金属回收再利用过程中的发展趋势[11]，解决有色冶金渣的回收利用问题以及提高有色冶金的综合利用率迫在眉睫。

表 8-1 国内有色金属冶炼废渣的主要金属含量（质量分数） （单位:%）

名 称	成 分						
	Cu	Pb	Zn	Cd	Fe	Ni	Sn
铜鼓风炉渣	0.21	0.52	2.0	0.004	25~30	—	—
铜反射炉渣	0.4	—	—	0.0127	31~36	—	—

续表 8-1

名称	成分						
	Cu	Pb	Zn	Cd	Fe	Ni	Sn
白银炼铜炉渣	0.6	—	2~3	—	34~36	—	—
铜闪速炉渣	4.5	—	—	—	—	—	—
铅鼓风炉渣	0.228	3.097	8.17	0.01	—	—	—
ISP 炉渣	0.26	0.6	7.76	0.0014	—	—	—
竖罐炼锌残渣	—	0.6	0.21~1.5	0.02	—	—	—
湿法炼锌浸出渣	0.62~0.85	3.3~4.6	19.4~20.5	—	23~27	—	—
镍电炉渣	0.1~0.2	—	—	—	24~26	0.14~0.17	—
锡反射炉渣	—	—	—	—	14.7	—	6.48
锑碱渣	—	0.02	—	—	<1	—	—
锑泡渣	—	0.022	—	—	2.5~3.8	—	—

除此之外，有色冶金工程生产过程中涉及大量的液体废物，例如冷却水、酸液、碱液等，这些废物可能含有对生物有害的重金属离子或有机化合物。这些废水如果未经处理直接排放，将直接危害水体的水质和生态环境。尤其是在一些有色冶金工厂位于黄河、松花江等重要水源地区时，液体废物的排放可能会引发严重的环境问题，甚至导致生态灾难。此外，有色冶金技术工程在生产过程中会产生大量的气体排放[12]，如二氧化碳、二氧化硫、氮氧化物等，这些气体是导致大气污染和酸雨的主要元凶之一。大气污染不仅会危害人体健康，还可能对植被、土壤等环境要素产生毒害，破坏生态平衡。而且，二氧化硫等气体的排放也会对大气层臭氧层产生破坏，加剧全球气候变化的问题。有色冶金技术工程需要消耗大量的能源，如煤炭、石油等化石能源。这些能源的消耗不仅会增加二氧化碳等温室气体的排放，加剧全球气候变化，还会加剧资源的消耗和环境的破坏。而且，化石能源开采过程中也会对环境造成直接破坏，如水土流失、地表油污等问题。

进入 21 世纪之后，我国有色冶金行业面临资源枯竭及环境污染等重大问题，因此构思并实施绿色创新发展显得尤为重要。而再生有色金属资源作为其中重要的一环，因其重要性日益走进人们的眼界之中。再生有色金属资源主要包括暂时难以利用的矿产资源，生产过程中排放的废石、废水、尾矿和二氧化硫，铜、铝、镍、铅等具有再生回收利用价值的各种有色金属废弃物。再生有色金属资源产业是将报废的各类有色金属制品或边角余料进行回收加工，还原其使用性能的产业，目前国内已经形成了从回收拆解、拣选分类到熔炼加工等各个环节的完整产业链，成为发展绿色循环经济的核心内涵。随着国家的号召以及相关政策的制定，如今有色冶金金属行业在环境保护方面取得重大进展。大气污染重点防控区的电解铝企业整体达到低排放水平。国有有色金属工业技术装备水平整体进入世界先进行列。

8.2.2 社会层面

从社会层面来看，有色冶金行业的生产环境具有高危性，对员工的身心健康与安全生产构成潜在威胁。为保障有色冶金工程中的工人健康与安全，企业应该加强职业健康管理行为，制定相应的政策与制度，提供必要的安全防护设备，加强安全教育培训，定期检查工作环境，及时排除安全隐患，加强职业病预防和控制工作，确保有色冶金工业从业者的健康与安全。

利用2000—2023年发表的同行评议论文数据，评估了中国各类有色冶炼厂周围健康风险，其中有色金属冶炼厂周边土壤中Cd和Pb的积累对居民构成潜在的高风险，评估重金属对人类构成的非致癌物风险所采用的模式是美国环境保护署（U.S. Environmental Protection Agency，USEPA）1989年推荐的模式。中国的冶炼厂大多位于郊区或乡村，居民可能会通过偶然的土壤摄入和皮肤接触而面临土壤中重金属的暴露[13]。在冶炼生产过程中，一线作业工作条件较为艰苦，危险系数高，高温和熔体灼伤、化学品伤害、机械伤害、物体打击、物料中毒等事故频发，一线员工的生命安全受到威胁。遍布各生产区域的高温、强噪声和粉尘也会引发员工的健康问题，导致中暑、听力损伤、尘肺、职业中毒、职业性皮肤病等。进军海外市场的有色冶金企业，受当地民族习惯、宗教、法律法规、历史问题等影响，还会遇到新情况、新挑战，包括如何协调好社区关系、妥善应对当地劳工罢工、索赔、劳资矛盾等情形。因此，健康与安全问题是一个重要的伦理问题，需要企业高度重视并采取有效的措施来保障工人的生命安全和身体健康。同时，企业还应该加强环境保护工作，实现可持续发展。在实践中，企业应该加大职业健康管理、安全生产管理和环境保护工作等方面的制度建设和执行力度，确保有色冶金工程的健康与安全。

有色金属行业的发展具有较强的周期性，2015年以前行业整体急剧扩张、产能规模迅速增长，经济步入新常态后，有色冶金市场供需矛盾日趋突出，产品价格持续下滑，技术规制与生态保护约束逐步加大，有色冶金业步入艰难爬坡阶段。企业生产面临环境污染以及破产重组等情况，有相当一部分从事人员面临解雇下岗的风险，社会效益疲软。一方面，国内银根政策收紧，企业依托金融负债周转的难度上升，流动性风险加大；另一方面，产能过剩消化滞缓，企业资产负债率不断攀升，供给端信用融资难度加大，下游销售回款周期变长，有色板块成为三角债问题高发重灾区。与此相对应，国家相继出台系列化宏观调控政策，推进供给侧改革“两去一补”，帮助企业摆脱发展困境；有色冶金行业也掀起了并购热潮，旨在通过合并重组提升资源筹备利用率、化解供求结构性矛盾。相比其他行业，有色冶金企业更需要关注利润质量，不断强化内生稳健增长动力，以此才能有效抵抗外部不确定性，助推绿色转型升级。

8.3 有色冶金工程师的伦理责任

8.3.1 保护公众安全

有色冶金工程师的首要责任之一是保护公众的安全。无论是开发新工艺、新设备等，工程师都必须确保其生产全流程不会对公众造成伤害，并遵循相关的安全标准和规定，进行全面的风险评估。例如，在设计一座大型冶炼工厂时，必须考虑对周边环境的影响以及有害气体泄漏等一系列因素，以确保公众安全。

8.3.2 保护环境可持续发展

有色冶金工程师还有责任保护环境，促进可持续发展。应在设计和实施工程项目时考虑到环境因素，并尽量减少对自然资源的消耗和环境的破坏。例如，有色冶金设计师以及工程师应采用节能技术和环保材料，以减少能源的消耗和废物的产生。此外，工程师还应该关注项目的生命周期影响，确保项目在使用过程中也能保持对环境的友好[14]。

8.3.3 维护职业道德

有色冶金工程师必须遵守职业道德准则，保持高度的诚信和专业素养。他们应该遵循相关的法律法规，不进行欺诈、偷窃或贪污等不道德行为，保持客观、公正的态度，不受利益诱惑，始终将公众利益置于首位。此外，工程师还应该尊重知识产权，不侵犯他人的专利权或版权。

8.3.4 持续学习和提升

有色冶金工程师应该不断学习和提升自己的专业知识和技能。科技的发展日新月异，工程师需要及时了解最新的技术和行业发展趋势，以保持自己的竞争力。通过持续学习和提升，工程师可以更好地应对挑战，为社会做出更大的贡献。

有色冶金工程师的伦理责任涵盖了保护公众安全、保护环境可持续发展、维护职业道德以及持续学习和提升等方面。只有遵守这些伦理准则，工程师才能在工作中发挥最大的作用，并为社会做出真正的贡献[15]。因此，工程师应该时刻牢记自己的伦理责任，不断努力提高自己的专业素养和道德水平。同时，社会也应该加强对工程师伦理责任的监督和培养，以确保工程师行业的健康发展和社会的持续进步。

思考题

8-1 有色冶金生产及技术分类的现状是怎样的？

8-2 有色冶金生产面临哪些主要的伦理问题？

8-3 有色冶金工程师应承担哪些伦理责任？

8-4 如何平衡有色冶金生产的经济效益和环境及社会责任？

8-5 通过实例分析有色冶金工程中的伦理决策过程。

参 考 文 献

[1] 柴立元，王云燕，孙竹梅，等．绿色冶金创新发展战略研究［J］．中国工程科学，2022，24（2）：10-21.

[2] 中华人民共和国国家发展和改革委员会．国家发展改革委关于印发“十四五”循环经济发展规划的通知［EB/OL］.

[3] 陈甲斌，冯丹丹．战略性矿产资源形势分析［N］．中国有色金属报，2020-09-01（8）.

[4] 崔志强，倪海涛，邓莹．浅谈有色冶金的技术现状与发展［J］．广州化工，2014，42（17）：43-44，126.

[5] 杨怀中，王远旭．工程活动的自然伦理诉求与工程师的自然伦理责任［J］．自然辩证法研究，2017，33（5）：123-127.

[6] 卿文权．有色冶金技术的现状与发展研究［J］．中国金属通报，2023（1）：4-6.

[7] 刘占华．有色冶金技术的现状与发展探讨［J］．世界有色金属，2020（12）：13-14.

[8] 蒋志强．我国有色金属工业经济与环境协调发展研究——评《有色、稀有与贵金属冶金》［J］．中国有色冶金，2023，52（6）：166.

[9] 钱玉东．双碳背景下有色冶金行业绿色发展路径：浅议 ESG 体系对有色冶金行业绿色可持续发展的推动作用［J］．中国有色冶金，2021，50（6）：5-8.

[10] 贾康乐．浅析有色冶金废渣中的有价金属回收技术［J］．中国金属通报，2021（12）：19-21.

[11] 陈卫东．有色冶金废渣综合利用现状及发展趋势［J］．中国金属通报，2023（7）：7-9.

[12] H Liu，F H Shen，Q Z Li，et al. Systematic control technologies for gaseous pollutants from non-ferrous metallurgy［J］. Journal of Environmental Sciences，2023（123）：65-82.

[13] X M Liu，B Li，Y F Wu. The pretreatment of non-ferrous metallurgical waste slag and its research progress in the preparation of glass-ceramics［J］. Journal of Cleaner Production，2023，404：136930.

[14] 李艳．基于可持续发展视角探索有色冶金工业发展中的环境保护举措——评《有色冶金与环境保护》［J］．中国有色冶金，2023，52（5）：160-163.

[15] 林健，衣芳青．面向未来的工程伦理教育［J］．高等工程教育研究，2021（5）：1-11.

9 中国冶金工程实践

课程思政

新时代冶金工程发展所涉及的伦理问题越来越复杂，需不断地完善冶金行业的体制机制和制度，从而适应中国冶金工程发展的现实需要。以河北省为例，河北省的钢铁产能约占全国的1/5、世界的1/10，河北钢铁产业在全国、全世界的钢铁产业发展过程中起着举足轻重的作用。当前我国钢铁行业碳达峰行动已势在必行，但行业碳减排压力和资金缺口都很大。2023年12月29日，河北省出台了首个转型金融指导文件《河北省钢铁行业转型金融工作指引（2023—2024年版）》（以下简称《工作指引》），也是全国首个定位于钢铁行业的转型金融指导文件，为金融机构开展钢铁行业转型金融业务提供了政策依据。《工作指引》政策在河北钢铁行业的落地，对河北省钢铁行业的绿色低碳转型，乃至我国转型金融的探索与实践，均具有十分重要意义。关于“河北出台首个钢铁行业转型金融工作指引”要闻动态报道如图9-1所示。

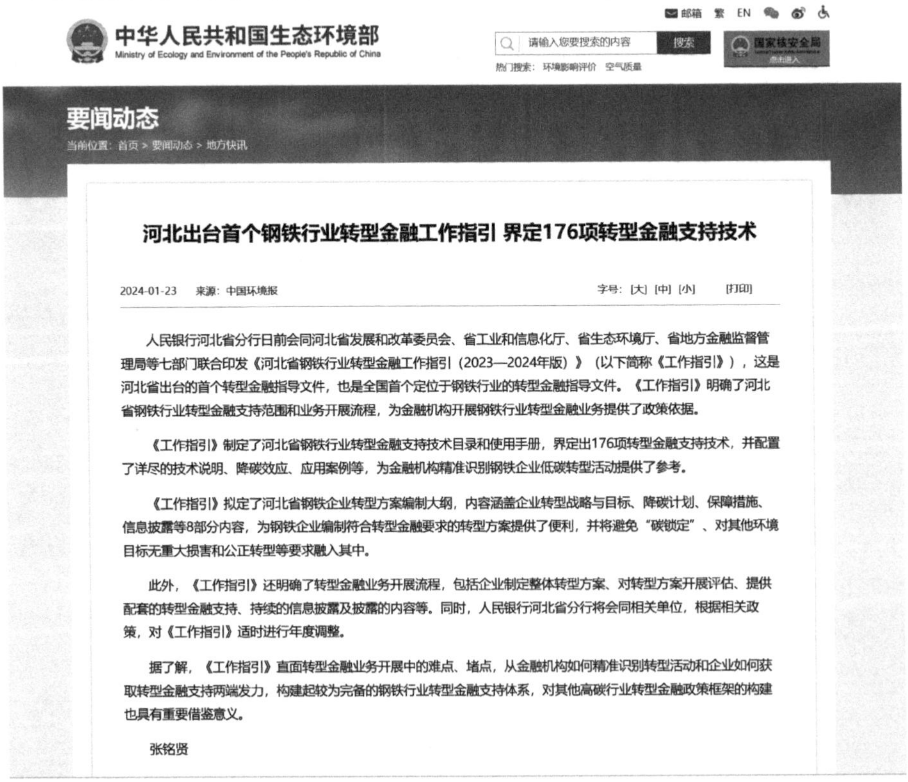

河北出台首个钢铁行业转型金融工作指引 界定176项转型金融支持技术

2024-01-23 来源：中国环境报 字号：[大] [中] [小] [打印]

人民银行河北省分行日前会同河北省发展和改革委员会、省工业和信息化厅、省生态环境厅、省地方金融监督管理局等七部门联合印发《河北省钢铁行业转型金融工作指引（2023—2024年版）》（以下简称《工作指引》），这是河北省出台的首个转型金融指导文件，也是全国首个定位于钢铁行业的转型金融指导文件。《工作指引》明确了河北省钢铁行业转型金融支持范围和业务开展流程，为金融机构开展钢铁行业转型金融业务提供了政策依据。

《工作指引》制定了河北省钢铁行业转型金融支持技术目录和使用手册，界定出176项转型金融支持技术，并配置了详尽的技术说明、降碳效应、应用案例等，为金融机构精准识别钢铁企业低碳转型活动提供了参考。

《工作指引》拟定了河北省钢铁企业转型方案编制大纲，内容涵盖企业转型战略与目标、降碳计划、保障措施、信息披露等8部分内容，为钢铁企业编制符合转型金融要求的转型方案提供了便利，并将避免“碳锁定”、对其他环境目标无重大损害和公正转型等要求融入其中。

此外，《工作指引》还明确了转型金融业务开展流程，包括企业制定整体转型方案、对转型方案开展评估、提供配套的转型金融支持、持续的信息披露及披露的内容等。同时，人民银行河北省分行将会同相关单位，根据相关政策，对《工作指引》适时进行年度调整。

据了解，《工作指引》直面转型金融业务开展中的难点、堵点，从金融机构如何精准识别转型活动和企业如何获取转型金融支持两端发力，构建起较为完备的钢铁行业转型金融支持体系，对其他高碳行业转型金融政策框架的构建也具有重要借鉴意义。

张铭贤

彩图

图9-1 关于“河北出台首个钢铁行业转型金融工作指引”要闻动态报道

9.1　我国钢铁工业发展历程

作为国民经济的重要基础产业，冶金工业是支撑国家发展和经济建设的工业脊梁，也是反映一个国家综合实力的重要标志。工业革命以来，世界强国兴衰交替，其中钢铁发挥了巨大作用，英国、美国、德国、苏联和日本，都曾占据或一直保持世界钢铁强国地位。而中国冶金工业的发展相对较晚，抗日战争开始时，中国实际年粗钢产量只有不到 5 万吨，而同期的日本则为 580 万吨，苏联、德国和美国更是分别高达 1769 万吨、1982 万吨和 5180 万吨，直到 1949 年，中国钢产量才仅有 15.8 万吨。而 2023 年，中国粗钢产量为 10.19 亿吨[1]，近 20 年中国粗钢产量如图 9-2 所示。

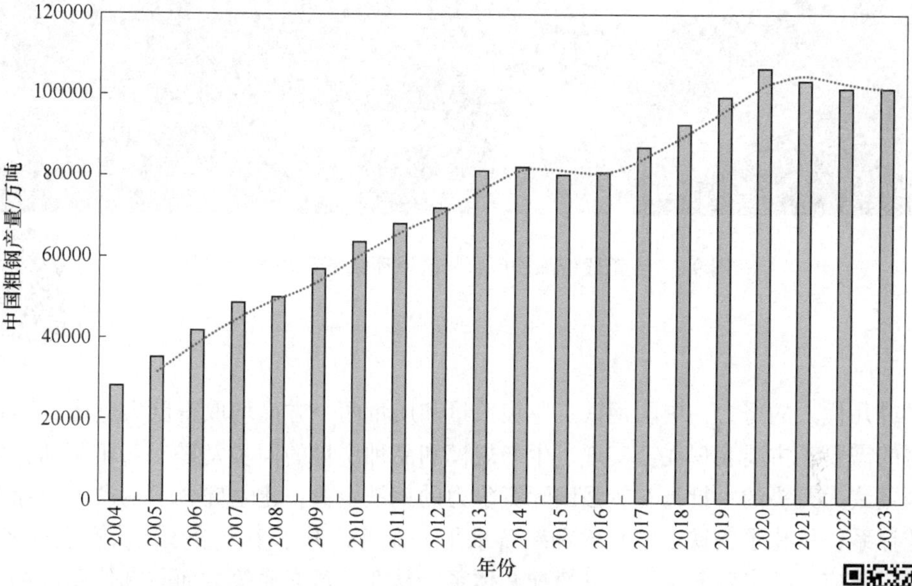

图 9-2　近 20 年中国粗钢产量

彩图

新中国的成立改变了中国钢铁工业发展的历史轨迹，七十多年来绘就了一幅波澜壮阔的钢铁画卷，在世界钢铁舞台中心散发出璀璨耀眼的光芒。自改革开放以来，中国钢铁行业经历了长足的发展，取得了显著的成就。在国家产业政策的引导下，中国钢铁行业不断调整产业结构，优化资源配置，推动了行业的技术进步和管理提升。特别是党的十八大以来，钢铁行业不断适应新常态，贯彻落实供给侧结构性改革，产业的调整升级取得了本质性的长足发展，为世界钢铁工业化解过剩产能、实现脱困发展贡献了“中国智慧”，做出了突出贡献，彰显了大国责任和国际领导力[2]。在中国钢铁行业不断革新发展的过程中，涌现出一大批国家优质工程。例如，首钢京唐钢铁联合有限责任公司一期原料及冶炼（烧结、焦化、炼铁、炼钢）工程，首钢顺义冷轧薄板工程项目，宝钢股份炼铁厂原料区域环保提升改造工程（见图 9-3）和西部水电 45 万吨/年铝基合金大板锭项目二期工程等。

图 9-3 宝钢股份炼铁厂原料区域环保提升改造工程[3]

彩图

经过几代人的努力，中国钢铁工业在数量和质量两个方面均取得巨大进步，满足了国家发展的需要，主要表现在：实现了生产规模和品种质量的同步发展、双轮驱动；培育了以中国宝武为龙头的一批具有较强国际竞争力的钢铁企业；建立健全了钢铁工业绿色发展的产业体系；优化了钢铁工艺技术和装备水平，显著提升了生产效率。从产品服务能力、产业规模效应、技术装备水平、支撑配套体系、从业人员素质等方面与其他国家相比，中国钢铁工业的综合实力已处在世界一流方阵，是可率先进入制造强国先进行列的产业之一，为接下来中国钢铁工业的高质量发展打下了坚实的基础。

从历史维度和全球视角来看，中国钢铁工业的发展、崛起和调整是一种必然，是世界钢铁工业发展规律和中国钢铁实际共同作用的结果，中国钢铁工业发展至今共经历了五个阶段，如图 9-4 所示。与欧美等发达国家钢铁工业不同，中国钢铁工业脱胎于计划经济，崛起于改革开放进程中，走了一条独特的、前所未有的发展道路，有力支撑了国民经济发展需要。同时，中国钢铁工业在崛起发展、满足需求的过程中，也承接了世界钢铁工业转移的接力棒，中国钢铁冶金技术朝着绿色冶金技术、智能化技术、新材料研发、节能环保技术、数字化与信息化技术等前沿技术发展，不断推动冶金技术的创新，将世界钢铁工业的发展水平推向了新高[2]。

当今世界正经历着百年未有之大变局，随着科技的迅速发展和全球化进程的加速推进，各国在工业建设方面也面临着新的挑战和机遇。新兴科技（如人工智能、大数据、物联网等）正深刻影响着传统工业模式，推动着工业智能化、自动化程度的提升以及生产方式的变革。气候变化和环境污染等问题也促使各国加大对绿色环保产业和可持续发展的投

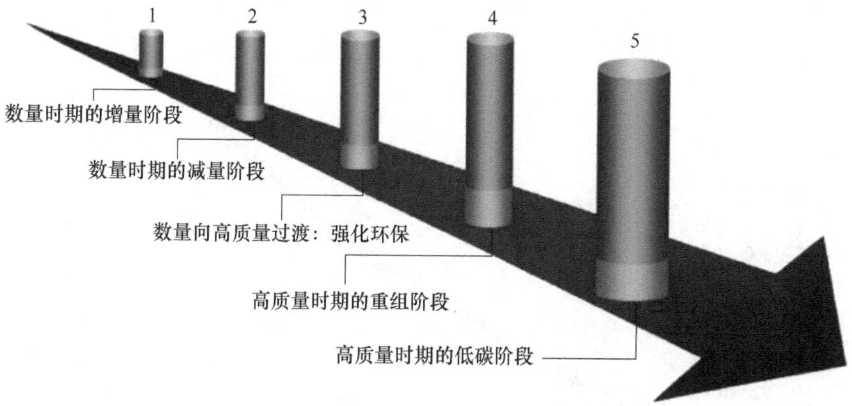

图 9-4 中国钢铁工业发展所处历史阶段[2]

入，推动工业建设向更加可持续和环保的方向发展。在这一大变局下，各国工业建设也在不断调整和转型，以适应新时代的需求和挑战。中国政府和社会各界正在共同努力，推动钢铁工业建设朝着更加智能化、绿色低碳化和可持续化的方向发展。

9.2 全球二氧化碳排放变化

20 世纪 70 年代，随着南北两极冰川大量融化，全球气候变暖等问题逐渐显现，中国是遭受气候变化不利影响最严重的国家之一[4]。2023 年 9 月 6 日，世界气象组织（World Meteorological Organization，WMO）和欧洲中期天气预报中心（European Centre for Medium-Range Weather Forecasts，ECMWF）共同宣布：地球刚刚经历了有记录以来最热的 3 个月，全球海面温度连续三个月处于前所未有的高位，南极海冰范围在同期保持在历史最低水平。在过去几十年中，全球气温急剧上升，2011—2020 年全年地表温度比 1850—1900 年升高了 1.1 ℃，其中陆地增暖 1.6 ℃，海洋增暖 0.9 ℃；1901—2018 年全球平均海平面上升了 0.2 m。自 1970 年以来，全球表面温度的上升速度超过了至少 2000 年来的任何时候；海平面在过去 100 年里上升的速度比至少过去 3000 年里的任何一个世纪都要快；9 月份的北极夏季海冰覆盖面积自 1979 年以来减少了约 40%，夏末北极海冰面积比至少 1000 年来的任何时候都小；自 1950 年以来，冰川的退缩是至少 2000 年来前所未有的。一系列的数据都表明，全球气温正在急剧上升，不断威胁着人类的生存[5]。

二氧化碳和其他温室气体的持续排放一直是导致全球气候变暖的主要原因。1958 年 3 月，美国学者查里斯·大卫·基林（Charles David Keeling）在夏威夷莫纳罗亚岛最早采用仪器观测 CO_2的浓度，这个观测站一直延续到现在。如图 9-5 所示，该站观测到的大气 CO_2体积分数浓度已经从 20 世纪 60 年代的不到 320×10^{-6}增加到 2023 年的 419.7×10^{-6}。这条曲线被科学界称作“基林曲线”，它清晰地揭示了工业化以来大气 CO_2浓度不断升高这一事实。20 世纪 90 年代初，我国在青海的瓦里关山也建立了大气本底观测站，开始了我国的大气 CO_2浓度观测。目前瓦里关全球大气本底站是世界气象组织全球 29 个大气本底基准观测站之一。基于该站的观测资料显示，中国的大气 CO_2浓度与全球同步增加。

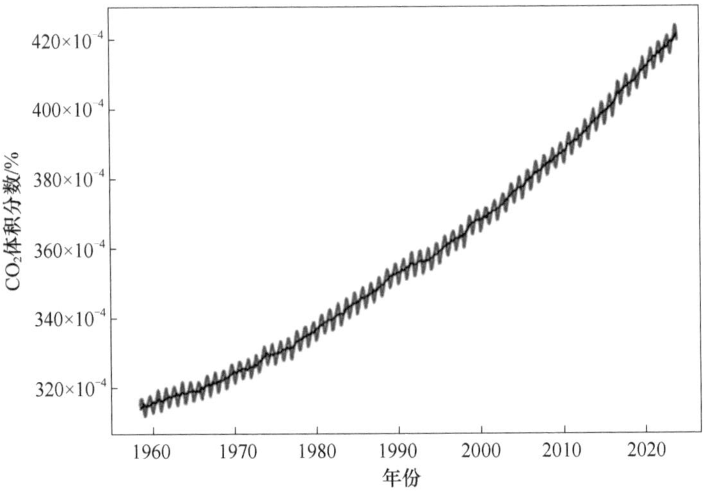

彩图

图 9-5　基林曲线揭示的夏威夷莫纳罗亚逐月二氧化碳浓度（用体积分数表示）变化[6]

针对这一现象，许多国家提出有关减少二氧化碳及其他温室气体排放的政策，这些政策将会对未来减缓气候变暖有一定作用。与各国没有实施气候减排政策的预期二氧化碳排放量相比，实施现行减排政策进而实现各国的减排承诺，将会有效将全球气候变暖温升限制在 1.5 ℃和 2 ℃左右[7]。联合国环境署 2019 年发布的《碳排放差距报告》也警告，到 21 世纪末全球气温上升幅度还是会达到 3.2 ℃，而要实现 1.5 ℃的温控目标，在 2020—2030 年全球碳排放每年需要减少 7.6%。21 世纪以来，从碳排放总量和增速来看，全球经济总量与碳排放量呈现同步上升趋势，但碳排放增速近年来有所放缓。根据英国石油公司（BP）发布的《世界能源统计年鉴（第 70 版）》，2000—2019 年全球二氧化碳排放量增加了 40%，2013 年以来全球碳排放量持续增长，2019 年全球碳排放量达到 343.6 亿吨，创历史新高。从人均碳排放量来看，全球人均碳排放量和全球碳排放总量基本呈现出相同的变化趋势，在波动中逐渐增长。2018 年全球人均碳排放量达到 4.42 t/人，相较于 1971 年增长了约 20%。全球二氧化碳人为排放总量如图 9-6 所示。

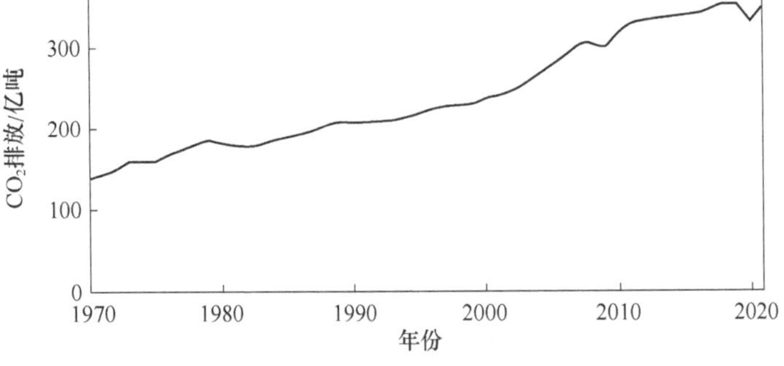

图 9-6　全球二氧化碳人为排放总量[8]

从区域碳排放总量来看，亚太地区的碳排放量在全球占比较大，在中国、日本等国家经济增长的驱动下，亚太地区碳排放量快速增加，逐步成为世界第一大碳排放地区。根据BP统计数据，2020年亚太地区碳排放量占全球总排放量的一半以上，合计占比达52%，其中中国占比30.7%，远超其他地区。北美地区、欧洲的碳排放量则逐步走低，进入负增长阶段，其中北美地区碳排放量占比为16.6%，欧洲仅为11.1%。造成这种区域性差异的主要原因在于第二次世界大战后很多亚太地区国家开始进行大规模经济建设，对工业产品等的需求量大幅增加，从而带动了碳排放量的快速增长。亚太地区的碳排放量在20世纪90年代初期先后超过欧洲和北美地区，成为世界碳排放量最多的地区。近50年，CO_2排放量前15的国家和地区如图9-7所示。

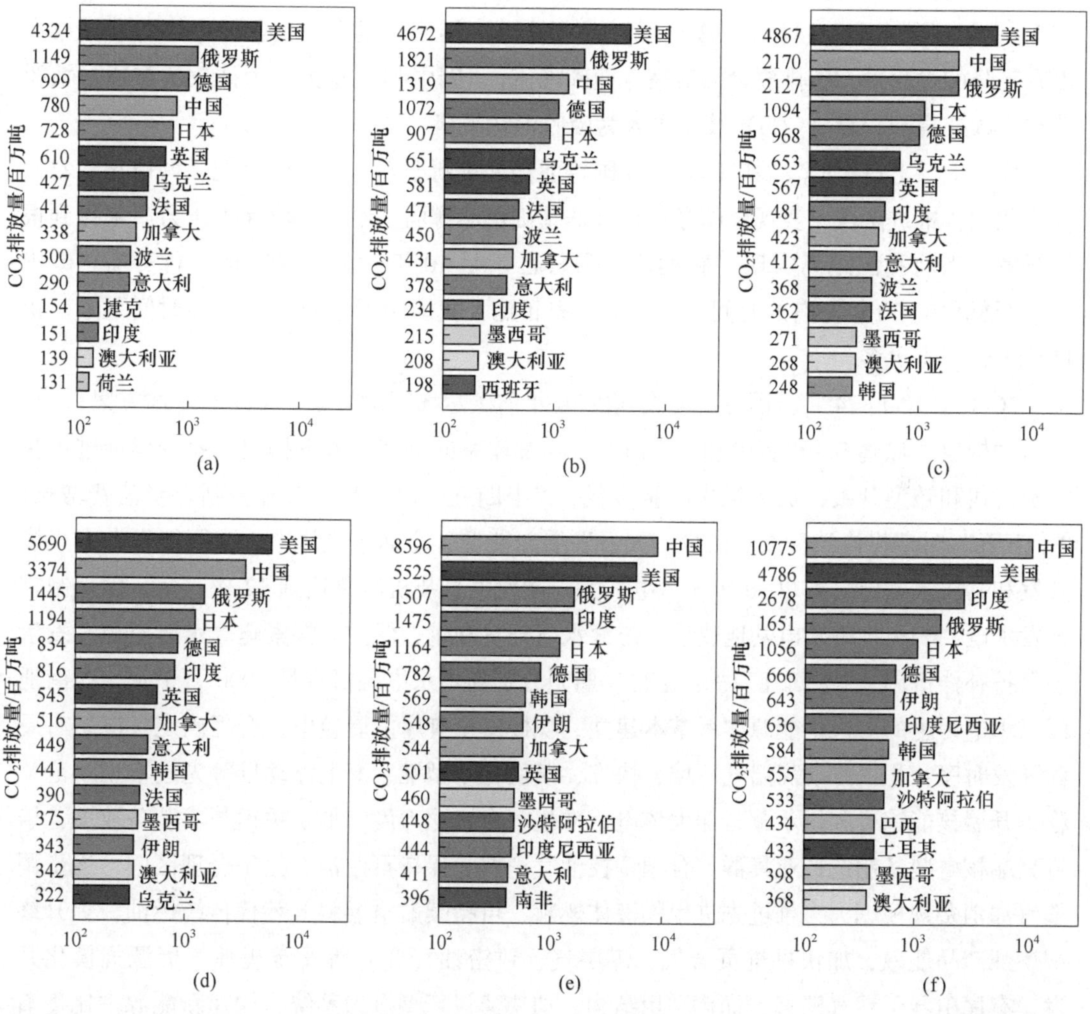

图9-7 CO_2排放量前15的国家或地区[8]

(a) 1970年；(b) 1980年；(c) 1990年；(d) 2000年；

(e) 2010年；(f) 2021年

彩图

9.3 冶金行业碳减排

9.3.1 “双碳”目标提出的背景与意义

中国是世界碳排放大国，但我国始终坚持独立自主解决碳排放问题，不以寻租转移的方式保障自身的碳排放总额，“双碳”目标由此被提出。“双碳”目标的提出决定了中国未来碳排放和控制的具体方向，也建立起中国特色的碳排放控制思路，是中国共产党为人类命运共同体构建所作出的重大努力。“双碳”目标包括两个内容，即“碳达峰”和“碳中和”。“双碳”目标最初被正式提出的时间是在2020年，明确提出2030年“碳达峰”与2060年“碳中和”目标。“碳达峰”是指全球、国家、城市、企业等主体的碳排放在由升转降的过程中，碳排放量的最高点即碳峰值；“碳中和”是指人为排放量与通过植树造林、碳捕集与封存（CCS）技术等人为吸收汇达平衡。

作为世界上最大的发展中国家，我国目前仍处于新型工业化、信息化、城镇化、农业现代化加快推进阶段，实现全面绿色转型的基础仍然薄弱，生态环境保护压力尚未得到根本缓解。当前我国距离实现“碳达峰”目标已不足10年，从“碳达峰”到实现“碳中和”目标仅剩30年左右的时间，与发达国家相比，我国实现“双碳”目标时间更紧、幅度更大、困难更多。

2021年10月24日，国务院印发《2030年前碳达峰行动方案》（以下简称方案），正式启动构建“碳达峰”“碳中和”“1+N”政策体系的进程。方案提出：要继续推进煤炭消费替代和转型升级，加快煤炭减量步伐，“十四五”时期严格合理控制煤炭消费增长，“十五五”时期煤炭消费逐步减少。大力发展新能源，全面推进风电、太阳能发电大规模开发和高质量发展，到2030年，风电、太阳能发电总装机容量达到12亿千瓦。因地制宜开发水电，积极推进水电基地建设，统筹水电开发和生态保护，探索建立水能资源开发生态保护补偿机制，“十四五”“十五五”期间分别新增水电装机容量4000万千瓦，西南地区以水电为主的可再生能源体系基本建立。积极安全有序发展核电，合理确定核电站布局和开发时序，积极推动高温气冷堆、快堆、模块化小型堆、海上浮动堆等先进堆型示范工程，开展核能综合利用示范，加大核电标准化、自主化力度，加快关键技术装备攻关，培育高端核电装备制造产业集群。合理调控油气消费，保持石油消费处于合理区间，逐步调整汽油消费规模，大力推进先进生物液体燃料、可持续航空燃料等替代传统燃油，提升终端燃油产品能效，加快推进页岩气、煤层气、致密油（气）等非常规油气资源规模化开发，有序引导天然气消费，优化利用结构。加快建设新型电力系统，构建新能源占比逐渐提高的新型电力系统，推动清洁电力资源大范围优化配置，积极发展“新能源十储能”、源网荷储一体化和多能互补，支持分布式新能源合理配置储能系统，到2025年新型储能装机容量达到3000万千瓦，到2030年抽水蓄能电站装机容量达到1.2亿千瓦，省级电网基本具备5%以上的尖峰负荷响应能力[9]。

9.3.2 钢铁工业“双碳”目标与路径

钢铁工业是工业领域碳排放的重点行业，主要产钢国家/地区钢铁行业碳中和目标及路径见表9-1。2022年8月，钢铁行业低碳工作推进委员会发布了《钢铁行业碳中和愿景和低碳技术路线图》，明确提出了中国钢铁业实施“双碳”工程的六大技术路径——系统效能提升、资源循环利用、流程优化创新、冶炼工艺突破、产品迭代升级、捕集封存利用[10]；并阐述了实现“双碳”目标的四个发展阶段：2030年前积极推进稳步实现“碳达峰”阶段，2030—2040年创新驱动实现深度脱碳阶段，2040—2050年重大突破冲刺极限降碳阶段，2050—2060年融合发展助力“碳中和”阶段；并明确指出，重大冶炼工艺突破是钢铁工业近中期和中远期快速减碳的关键。这无疑是对中国钢铁工业“双碳”减排实践的一次重要阶段性总结和减排理论的系统反思，对未来中国钢铁工业“双碳”减排事业具有十分重要的意义。

表9-1 主要产钢国家/地区钢铁行业碳中和目标及路径

国家/地区	碳中和目标和时间节点	实 施 路 径
美国	2050年实现碳中和	为了实现“3550”碳中和目标，美国政府计划投资2万亿美元用于国内基础设施、清洁能源等领域的建设。加大对储能、绿氢、核能、CCS等前沿技术的研发力度，降低低碳成本
欧盟	2050年实现碳中和（欧洲钢铁工业承诺2030年比2018年减少30%；到2050年相较于1990年减少80%~95%）	欧盟成员国如德国钢铁企业已经将政府资金投入绿色低碳的钢铁产品中试项目中，安塞乐米塔尔集团致力于在德国汉堡钢厂利用可再生能源生产的氢气生产绿色钢铁产品。瑞典公司的HYBRIT项目已经向客户交付了低碳钢材
日本	2050年实现碳中和（日本钢铁联盟提出到2050年实现炼铁工序温室气体零排放，碳排放量减少30%，到2100年前实现零碳钢生产）	日本计划通过电炉生产更多的钢来实施积极的转型，并承诺将其能源经济转变为依赖带有碳捕获与封存（CCS）的通过化石燃料生产的氢气和基于可再生能源的氢气
韩国	2050年实现碳中和	韩国勾勒出了氢冶金路线图，以努力遏制温室气体排放。以浦项为首的韩国钢铁工业已经宣布了建设氢冶金设备的计划
印度	2070年实现碳中和	印度碳中和目标的实现依赖于钢铁企业使用氢能源，印度政府早已提出并开始推进氢能路线图

9.3.3 我国低碳冶金技术进展与实践

9.3.3.1 以氢代焦，低碳高炉冶炼技术

用氢气代替焦炭作为还原剂进行钢铁冶炼，利用先进技术把企业焦炉中产生的氢气进行有效提取，然后将氢气作为还原剂，从而有效降低冶炼过程中二氧化碳气体的产生，使焦炉煤气得到最合理的应用。现阶段钢铁企业要结合焦炉煤气应用状况，重点做好焦炉煤气的开发利用研究工作，充分考虑焦炉煤气如何能由传统方式实现高效利用，积极采用先进技术，用氢气代替焦炭实现钢铁低碳冶炼。

此外，铁焦技术在低碳减排方面具有比较大的发展潜力，现阶段通过对国外先进铁焦技术的学习，国内钢铁企业在对铁焦技术低碳减排理论研究开发时，普遍采用单座高炉尝试，而后逐步予以应用推广，但这种运作方式成本消耗较大，可以考虑铁焦生产与高炉应用同步。宝钢集团在铁焦技术应用方面取得一定成效，经验值得推广，宝钢同煤矿企业共同建设一条铁焦生产线，成品完成后运输至钢铁厂，再进行相应的冶炼生产，不仅有效地减少投资成本，降低了生产费用，而且对于煤炭企业来讲，极大地提升了市场竞争力。总而言之，降碳减排路径主要有：从源头减少碳输入、在过程中提高碳效率和在末端碳捕集固化，如图 9-8 所示。

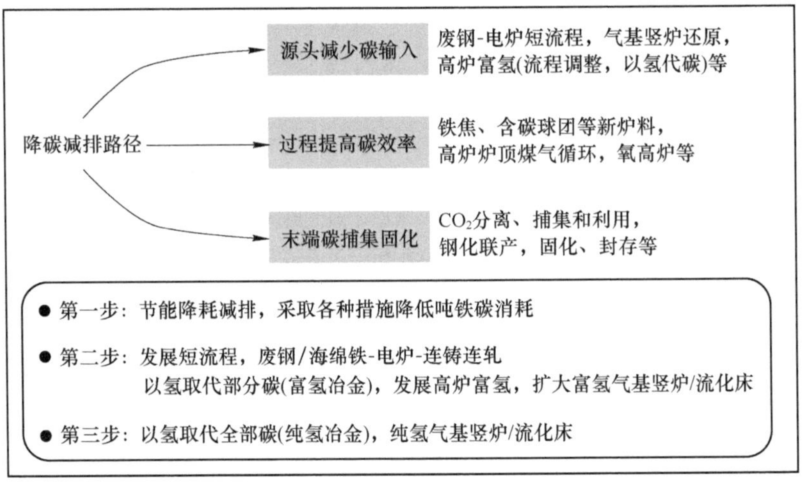

彩图

图 9-8 钢铁生产的碳减排路径[11]

9.3.3.2 碳捕集、利用与封存技术

减少温室气体排放目标制定，对于钢铁行业来讲是挑战更是机遇，世界各国都在围绕这个目标进行研究开发。CCUS（Carbon Capture，Utilization and Storage）碳捕捉技术作为重要的减排技术，在技术成熟的前提下有可能实现冶金废物大规模低碳利用和净零排放甚至负排放，是我国践行低碳发展的重要技术选择，也是我国未来减少二氧化碳排放、实现可持续发展的重要手段。随着我国 CCUS 示范项目范围的不断扩大，未来有望建成低成本、低能耗、安全可靠的 CCUS 技术体系和产业集群，为冶金废物低碳利用提供技术选择，为应对气候变化提供有效的技术保障，为实现“碳中和”的目标降低整体成本[11]。

我国也针对 CCUS 制定了相应的发展目标：预计在 2030 年掌握现有 CCUS 技术的产业化能力并验证新型技术的可行性，CO_2 利用封存量达到 5000 万吨，产值 1100 亿元/年；在 2035 年掌握新型技术的产业化能力、2040 年掌握 CCUS 项目集群的产业化能力；在 2050 年实现 CCUS 技术在全国的广泛部署，CO_2 利用封存量达到 97000 万吨，产值 5700 亿元/年。CCUS 技术示意图如图 9-9 所示。

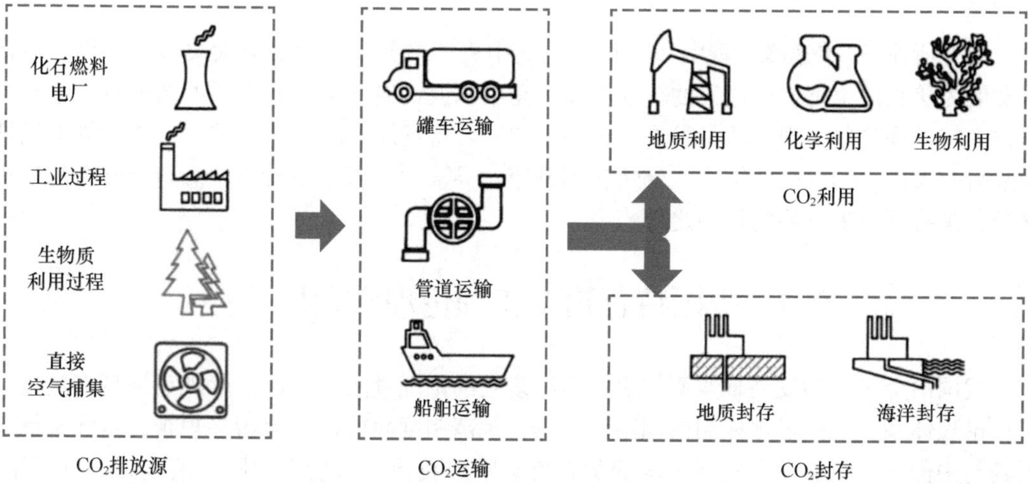

图 9-9　CCUS 技术示意图[12]

彩图

尽管 CCUS 进入快速发展时期[13]，但也受到我国经济、技术、环境和政策等多方面因素的限制。结合我国 CCUS 技术还处于攻关实验和推广应用早期阶段的国情，未来应当继续加强二氧化碳驱油和碳埋存技术攻关，推动技术产业成熟；政府层面应当制定更为详细的 CCUS 发展规划，探索有利于发展 CCUS 的财政政策，鼓励企业开展全流程的集成示范项目；对国外先进示范项目进行调研和梳理，对国内示范项目进行及时总结和完善，积累全产业链的工程经验和技术数据，为我国 CCUS 技术标准体系建设打下坚实的基础。

9.3.3.3　非焦煤制气+气基竖炉直接还原

由于氢气制造成本比较高，目前钢铁冶炼基本采用高炉冶炼，用氢代替焦炭作为还原剂的冶炼方式在普通钢铁冶炼中还没有得到广泛的应用，只是特殊钢铁企业独有的生产方式。

特殊钢铁生产所用氢气不全是由电解水产生，而是钢铁企业结合当地能源状况进行氢气生产制备，其中最常用的就是天然气生产制氢。但对于我国而言，天然气资源比较短缺，全面生产制备氢气具有较大困难。非焦煤制气+气基竖炉直接还原技术长期以来受到钢铁冶金技术人员高度关注，并且已取得了一定的成效，采取该技术成功制备氢气，用以特殊钢铁的生产制造，对低碳减排意义十分重大。

9.3.3.4　核能制氢技术

目前，对新时期氢作为清洁能源的研究不断深入，氢气制造主要有以下三种方式，即化石资源制氢、电解工艺制氢和核能制氢，其中，化石资源属于不可再生资源；电解工艺的缺点为成本费用高、实施难度大、安全性较难保障、无法做到大规模生产；核能制氢就是以来源丰富的水为原料，利用核能实现氢的大规模生产[14]，核能制氢安全性较高，但尚处于研发阶段，目前核能低成本制氢尚未真正实现，一旦突破将引领制氢技术革命。

综上所述，“碳达峰、碳中和”目标是党中央、国务院作出的重大决策，是以绿色低碳发展为核心的生态文明建设的重要保障，是中国人民追求更美好生活的新期待，也是中国进入新发展阶段实现高质量发展、创新发展、可持续发展的内在要求。作为世界上钢铁冶金行业大国，调整产业结构、加快转型升级，寻求“双碳”目标下冶金行业转型的最优路径，是我国未来发展的重中之重。

9.4　中国特色冶金工程伦理学发展趋势

我国冶金工业的发展日益面临更为错综复杂的伦理挑战，然而，反观我国现有的冶金工程伦理体系，仍凸显出体制机制不够成熟、规范制度尚待优化等诸多短板，这无疑制约了其与中国冶金工业发展实际需求的契合度。随着我国正由冶金大国向冶金强国的转型，我们必须根植于中国特有的实际情境与丰富经验，推动冶金产业结构深刻变革，着力构建一套融合中国特色与智慧的冶金工程伦理理论体系及其实践方法。此举不仅是对现实挑战的回应，更是对未来可持续发展的深思熟虑。中国特色冶金工程伦理发展趋势包含以下几个方面。

9.4.1　立足传统文化，构建工程伦理

有别于西方国家，中华民族五千多年的文明发展历史孕育了灿烂辉煌的文化，中华优秀传统文化积淀着中华民族最深沉的精神追求，蕴含着丰富的伦理道德理念和模范，潜移默化地涵养着中国人的伦理精神[15]。尽管工程伦理学最初发轫于美国等一些西方发达国家，然而，中华优秀传统文化经典中所蕴含的深厚伦理思想与当代工程伦理的核心理念之间存在着诸多不谋而合之处，均以提升人类福祉为宗旨，妥善协调工程活动与人、社会以及自然之间的多维关系。在推进我国冶金工程伦理体系的构建进程中，需要深耕文化自信与民族自信的土壤，借助优秀传统文化的滋养来培育工程伦理精神，具体表现在以下几个方面[16]。

（1）讲求“仁爱”的伦理精神。具有工程伦理精神的现代工程师，必须要有仁爱之心，必须要以造福人类和可持续发展为理念，才能在面临忠诚于股东利益还是公众利益的伦理困境时，做出正确的判断和理性的选择。

（2）注重“诚信”的伦理精神。诚信是中国传统道德规范之一，也是工程伦理的重要内容，工程活动讲求诚信，既是行业生存之道，也是对人民生命财产安全负责的必然要求。

（3）担当责任的伦理精神。从工程师的社会角色角度来看，工程师不仅要对工程利益

攸关方负责，更要对人类社会、自然环境负责，必须要以高度的责任感审慎选择工程方式，促进人类文明的和谐发展。

9.4.2 增强环保意识，重视安全生产

党的十八大以来，以习近平同志为核心的党中央把生态文明建设作为统筹推进“五位一体”总体布局和协调推进“四个全面”战略布局的重要内容，把坚持人与自然和谐共生纳入新时代坚持和发展中国特色社会主义基本方略，全方位、全地域、全过程加大生态环境保护，决心之大、力度之大、成效之大前所未有。党的十九大指出，坚持人与自然和谐共生成为新时代坚持和发展中国特色社会主义的基本方略重要组成部分，建设生态文明是中华民族永续发展的千年大计。在此基础上，党的二十大报告着眼全面建设社会主义现代化国家全局，部署了推进生态文明建设的战略任务和重大举措，指出要提升生态系统多样性、稳定性、持续性。随着生态环保意识的提升，中国冶金工程实践也越来越重视生态环保问题。在冶金工程的设计、建设和生产过程中，更加注重环保技术的应用，降低对环境的污染和破坏。同时，冶金企业也开始积极履行环保责任，加强环境治理，努力实现绿色、低碳、循环发展。

发展是第一要务，安全是第一保障。安全生产是民生大事，事关人民福祉，事关经济社会发展大局，一丝一毫不能放松。冶金工程实践涉及高温、高压、有毒有害等危险因素，安全生产至关重要。近年来，中国冶金工程实践在安全生产方面取得了显著进步，加强了对安全生产的管理和监督，加大了对安全生产设施设备的投入，提高了安全生产意识和技能水平。这些措施的有效实施，有效预防和减少了安全事故的发生，使得中国冶金工程实践在安全生产方面取得了显著成效，安全事故的发生率得到了有效控制，员工的安全健康得到了有力保障，企业的生产效率和经济效益也得到了提升。

9.4.3 加强资源利用，推动技术创新

冶金工业的资源循环利用是我国资源循环利用体系的重要环节，发挥了重要的减污降碳作用，因此冶金工业在发展过程中必须采取一系列措施来确保资源的合理利用和节约。

从原料角度来看，冶金工业作为资源密集型产业，在生产过程中对矿产资源的依赖十分显著。然而，地球上的矿产资源是有限的，过度开采和浪费不仅会导致资源枯竭，还可能对生态环境造成不可逆转的损害，因此需要通过技术创新和工艺改进，提高矿产资源的利用率，减少资源浪费。

从产废角度来看，冶金工业各类冶金废渣产生量接近6亿吨，通过国家重点研发计划“固废资源化”重点专项等科技项目支持，综合利用技术不断取得突破，为建筑等行业提供了大量再生原料，实现废弃物的再利用和回收，降低对原生资源的依赖。但面向“双碳”目标，冶金工业资源循环利用仍然存在系列亟待解决的重大难题，如转炉钢渣、氧化铝赤泥等大宗复杂难用冶金固废尚缺乏经济可行的利用手段，大量再生有色金属仍以降级利用为主，特别是面向我国高质量发展需求，从矿产资源和高端材料全链条串联分析，冶金工业资源循环利用短板效应最为突出[17]。此外，可以通过政策引导和市场机制，鼓励企业采取资源节约型的生产方式，推动冶金工业向更加绿色、可持续的方向发展。同时，还需要认识到，资源的可持续利用不仅仅是一个技术问题，更是一个伦理问题。作为冶金

工程的从业者应该承担起保护地球资源的责任，以更加负责任的态度来对待资源利用问题。通过加强行业自律和社会监督，确保冶金工程的发展符合可持续发展的要求，为子孙后代留下一个资源充足、环境优美的地球家园。

在中国，冶金工程实践正经历着深刻的变革，冶金工业应向着科技化、创新化方向发展。技术创新是推动冶金工程实践伦理发展的重要动力。随着科技的不断进步，中国冶金工程实践也在不断引入新技术、新工艺和新设备。通过采用先进的冶炼技术和设备，可以实现对原料的高效利用，减少资源的浪费。同时，这些新技术还有助于降低能耗和减少排放，从而减轻对环境的压力。通过引入智能化设备和系统，可以实现生产过程的自动化控制和优化，提高生产的安全性和可靠性。这不仅降低了人为因素导致的事故风险，还提高了生产效率和产品质量。通过研发和应用环保技术，可以减少生产过程中的污染排放，保护生态环境。同时，技术创新还可以推动循环经济的发展，实现废弃物的再利用和资源化，促进资源的可持续利用。

思考题

9-1 我国钢铁工业的发展历程及其对环境的影响是什么？

9-2 全球二氧化碳排放变化的趋势及其与冶金行业的关系是怎样的？

9-3 冶金行业应采取哪些碳减排策略以实现可持续发展？

9-4 中国冶金工程实践的伦理发展趋势是什么？

9-5 如何通过伦理指导促进冶金工程的可持续发展？

参考文献

［1］杨玉桢，刘智颖，李杰，等．中国钢铁工业低碳发展路径优化［J/OL］．中国冶金，2024：1-13.
［2］李新创．中国钢铁工业 70 年发展历程与展望［EB/OL］.
［3］中冶赛迪集团．中冶赛迪再添 4 项国家优质工程奖［EB/OL］.
［4］上官方钦，周继程，王海风，等．气候变化与钢铁工业脱碳化发展［J］．钢铁，2021，56（5）：1-6.
［5］杨继国．全球气候变暖加剧 人类面临严峻挑战［J］．民主与科学，2023（5）：42-45.
［6］周天军，陈晓龙，张文霞，等．气候变化与碳中和［J］．自然杂志，2024，46（1）：1-11.
［7］Climate Action Tracker. The state of the climate crisis in 2020［EB/OL］.
［8］徐若翀，同丹，肖清扬，等．MEIC-global-CO_2：精细源分类下包含次国家信息的全球 CO_2 排放清单［J］．中国科学：地球科学，2024，54（2）：469-485.
［9］中华人民共和国中央人民政府网站．国务院关于印发 2030 年前碳达峰行动方案的通知［EB/OL］.
［10］王新东，上官方钦，邢奕，等．“双碳”目标下钢铁企业低碳发展的技术路径［J］．工程科学学报，2023，45（5）：853-862.
［11］鲁雄刚，张玉文，祝凯，等．氢冶金的发展历程与关键问题［J］．自然杂志，2022，44（4）：251-266.
［12］张贤，李阳，马乔，等．我国碳捕集利用与封存技术发展研究［J］．中国工程科学，2021，23（6）：70-80.
［13］赵淑媛，袁鑫，刘骏，等．CCUS 应用下 660MW 燃煤电站度电成本与电力供应成本分析［J］．动力工程学报，2024，44（4）：547-556，574.
［14］张平，于波，徐景明．核能制氢技术的发展［J］．核化学与放射化学，2011，33（4）：193-203.
［15］王炜杰，樊海源．高校以优秀传统文化涵养工程伦理精神研究［J］．学理论，2018（1）：249-251.
［16］黄群星，严建华．能源工程伦理［M］．北京：中国电力出版社，2022：234.
［17］李会泉，吴玉锋，陈运法．“双碳”目标下的冶金行业资源循环利用技术前沿［J］．过程工程学报，2022，22（10）：1414-1417.